忽忽味

一個媽媽 想念女兒的 滋 味

忽忽——周碧蓮——著

contents

目次

PART3 開飯啦，廚房有愛

PART4 少不了甜

contents

食譜目次

人山上好菜

忽忽好味九帖

簡單上手，12道家常開胃菜

甜美人生

推薦序

忽忽味，堅強的媽媽味

王瑞瑤

二〇一五年接近舊曆年的某一天，天空飄著毛毛細雨，林媽媽從玫瑰中國城的家裡，拎著兩大袋沉重又有溫度的宅配菜餚，跟我約在新店「蕃茄主義」張小雯的店裡接受採訪。一包包解開拍照，一道道連續試吃，一口口美味停不下來，滿口好菜搭配盈耳故事，聽她一句句說料理，家常風味不加味精；看她一聲聲念忽忽，意外辭世的女兒林岱維，但嘴裡嚐到的林媽媽的忽忽味，卻不是哭哭啼啼的思女傷悲味，而是堅強女人一路挺過來的甘苦味。

看林媽媽的穿著，聽林媽媽的口音，吃林媽媽的好菜，猜不出她是台北大稻埕迪化街人。生在上海，光復後返台，二十二歲嫁給前中華日報副刊主編林適存（筆名南郭），跟著湖南籍的老公上館子，交朋友，吃喝玩樂。三十四歲在松江路中華日報附近，接下福利小館，後改為人山餐廳，從一間鋪子做到三個店面，直到五十四歲才收手。林媽媽過得很精采，見過世面也獨當一面。

「忽忽味」曾經是林媽媽與女兒一起在網路上打拚出來的家常菜品牌，

是林岱維希望替母親開一條財路而想出來的事業，但一切卻在一場意外中嘎然而止。

停賣兩年的「忽忽味」，因為重新開張而找上了我，我不識忽忽這位文壇才女，更不知道「忽忽味」曾經在中時部落格開賣過並紅極一時，但我試了林媽媽大部分的菜餚，肯定重出江湖的「忽忽味」肯定大賣，只是擔心年紀大又有慢性病纏身的林媽媽，身體受不了。果然不出所料，文章一見報，訂單塞爆「林媽媽的忽忽味」臉書，林媽媽過了一個寬裕的年，人也累慘了。

採訪林媽媽，學到許多做菜的撇步，早年她開餐廳請大廚，大廚總是留兩手不肯教，好強的林媽媽不認輸，站在旁邊偷看偷學，因此越學越精。

王瑞瑤｜攝影

例如人人愛吃，看起來食材與技法簡單得很，但想要好吃卻很困難的豆乾肉絲，「一定記得豆乾切好了要泡水，至少二十分鐘不要瀝出來，等到開爐爆香之後，用手撈起豆乾，含著水，丟下鍋，大火炒，像炒麵一樣炒到膨，炒到發，白白胖胖最好吃。」

就像到處也有賣的醉雞與滷味，原也不稀奇，但林媽媽的醉雞腿就是比別人多了好多隱味，原來她用燒酒雞的中藥包讓醉雞腿不再單調。同樣滷牛腱牛筋，除了醬油、砂糖、還有黑豆瓣醬和小小一包五香，重要而不可或缺的工序是浸泡隔夜，開火再滷，而且買一斤牛肉送一碗滷汁，讓乾食的滷味瞬間變牛肉麵，這是替客人多想一點的用心。

去年年中，好友嘉琪告訴我，幾個朋友想替林媽媽出食譜，具體記錄林媽媽的忽忽味。我一點兒也不意外，大方的林媽媽絕對不會藏私，而這本食譜是岱維的朋友為岱維所圓的夢，盡的孝，裡面除了林媽媽教做的好菜，還有你或許讀過，也許錯過，如今全都收錄，忽忽林岱維的好文章，讓母女兩人在書中再次相依。

註：作者是中廣流行網超級美食家主持人、美食評論者

推薦序

天長地久人間味

林媽媽中年開人山餐廳，十多年來「餵養」過的食客不知凡幾，
從大導演、大明星、大作家、大記者，到自家女兒、兒子的同窗好友，
但凡上門者她都一視同仁，親切招呼。
時至今日大家回憶起來，人山最美的是菜餚，也是人情！

林維的文字總有濃濃的人間味，而今說來，更是如此。她的人，她的言談，粗鄙和文雅老混著用，放縱和慵懶夾雜交換。

多年來一直是這樣的畫面，我們一夥老朋友閒散坐開，聊興飛揚，林媽媽的熱菜再一上桌，那真叫人間！真個活到老就聊到老！如果還有小酒，林媽媽的臉看上去，就是神！那美味呀，讓人不捨，即使我們更老，走得更遠，仍然嗅聞得見。

是字也好，菜也好，反正——天長地久。

——戲劇大師　金士傑

第一次吃到林媽媽的菜，光是因為豆乾肉絲就扒了一整碗飯。豆乾是嫩的，肉絲是滑的，辣椒和蔥的香辛跳動刺激著味蕾，恰好的調味和鑊氣，教人彷彿著了道似地不能將筷子放下。

在長春戲院後的人山餐廳裡，在股市仍然是萬點，酒店裡才會談工作，中南北還有歌廳的時代……，那天我去的雖然是餐廳，吃到的卻是好朋友的媽媽菜……，我們都得到如女兒回家般的款待。

人生啊人生，現在能再吃到這盤豆乾肉絲，是懷念加感謝和歲月風華的滋味啊！

——歌手　金智娟

林媽媽的人山餐廳是跟著我三十年的記憶——裡頭有美食、詩詞、戲劇及音樂；林媽媽的女兒林維，卻是那飄盪不羈的精靈，穿梭其中，樂此不疲。

三十年後，滄海桑田，世界變了，人情變了，但某些當時流轉在人山的精神，一直存在。存在淡水河畔，那因守護流浪貓而殞落的鑄像裡，存在雖有病痛卻堅持美味，林媽媽的手工菜裡。

感激這次的出版，我們又能再次，在林媽媽的美食中，仍然看到那飄逸不羈的精靈。

——導演　鄧安寧

因為舞台劇的關係認識了才華洋溢的林維，也因為音樂創作——製作了壯維（註：忽忽的弟弟，林媽媽的兒子）的個人專輯，這奇妙的緣分一直延續至今，再次吃到林媽媽的菜，好多往日時光都回來了。濃濃的思念伴隨著每一道穿過歲月、走過青春的家常菜。那每一道菜都充滿林媽媽對子女無限的關懷和愛！

看著物換星移，隨著潮起潮落，原本應該安心養老的林媽媽，卻遭逢女兒過世，這突然的改變打破了原有的人生規畫。還好在最沮喪的時刻有林維的同學們，還有小雯的幫助和鼓勵支持，林媽媽勇敢地走過傷痛，面對未來。因為林媽媽要完成女兒未完成的心願，現在你看到的這本食譜，就是林媽媽一生的心血，也圓滿了女兒來不及完成的心願。

——創作歌手　黃韻玲

十六歲就愛上林媽媽的菜，總是要求岱維帶林媽的菜來上課，去林媽家抱電鍋把飯吃個精光，到現在仍然帶著美味回憶，這本食譜的出現讓我又憶起許多愛的回憶，令人興奮。

——徐翊秀（忽忽靜修女中同學）

塵封已久的記憶，在收到林媽您寄來的菜，整個翻騰在腦海中。青春年少時窩在您開的餐廳中吃著您拿手的菜，享受那分溫暖的自在，吃到裙子褲頭緊，溫飽的感受猶如昨日，感謝您，林媽！

——陳珍珍（忽忽靜修女中同學）

一九七九年，在一個偶然的機會裡認識了林岱維，從此愛上了她們家開的人山餐廳。吃林媽媽做的菜，有一種感覺，好像比好吃更好吃，因為它充滿濃濃的人情味！

——趙郁玲（徐翊秀的補習班同學）

還有什麼比回家吃飯更令人懷念？熱騰騰的美食，歡樂的談笑聲，林媽媽的菜不只帶給我回家吃飯的感覺，她串連了所有發生的故事，更見證了所有的情誼。

——陳智（十九歲經徐翊秀介紹認識的好友）

＊依來稿先後為排序

推薦序

冥冥之中

張小雯

大年初四的夜裡才跟花兒邀稿寫序，初五她就透過臉書把文章傳給我了（花兒是林維生前的網友）。真佩服會寫文章的人，字字句句裡都能透出細膩的情感，岱維也是這樣的文人，她生前本來計畫寫一本關於媽媽的菜的食譜書，只寫了幾篇就離開了，記得當時她說有人跟她邀稿說要出版，那到底是誰？是哪家出版社？給了哪幾篇稿子？這一切瞬間都變成一個大謎團——無解了。

趁著年假的寧靜空檔，好好閱讀花兒寫來的文字，看著看著……我整個大大崩潰了，岱維走了這麼多年，我從沒有這樣泣不成聲過，若不是因為跟大家邀稿，也很難會看見她意外離席後，在每個人心中留下的那分難捨，今日這遲來的潰堤，湧上的全是無以言喻的感慨，因著她透過夢境來跟花兒告別，也因著她用意識託付我關照林媽。

事情多半發生在她走後那一年間，她常常在我淋浴時，也就在那種人很放鬆的時候，忽然竄進我的腦內，請我打電話給林媽，厲害吧?!這就是花兒說的「這女子」。的確，這神奇的女子，就是有辦法跟每個人用不同的方式聯繫，問題是我每次打去找林媽媽的電話都沒人接，因此我就慌了，心想「林媽怎麼了……？」最後的答案竟然都是因為傷心難過病倒住院了，這樣的戲碼上演了三番五次，機率大到教人頭皮發麻，剛開始我以為我瘋了，後來才懂原來這就是母女連心的心電感應啊！

顯然我成了她們之間的聯絡橋樑，是因為我住得近？因為我們認識得久？因為我跟林媽熟？還是從前我們彼此常交換靈修心得？我實在搞不清楚，不管如何一頭霧水，看來這個「不可能的任務」我是非接下不可了。

時間過得好快，從她走到現在整整六年了，我是真的需要大哭一場，謝謝花兒的序文，幫我釋放這些年堵在胸口有口難言的壓力。總之，我盡力辦到了，應該說我跟林媽都盡力辦到了！忽忽，妳也看到了吧！

我想最令人佩服的厲害角色應該非林媽莫屬，經過喪女之痛到重拾鍋鏟再戰「林媽媽的忽忽味」拚宅配，糖尿病引發高血壓、尿毒洗腎、心肌梗塞，歷經一關又一關生命的大考驗後，林媽依然把宅配做得嚇嚇叫，教人不得不佩服她的過人毅力和能耐，什麼叫「學無止境」？什麼叫活到老學到老？眼前林媽就是活生生的榜樣，每當她遇到挫折、沮喪，我就提醒她要看見自己是有兩把刷子的，告訴她我們這許多她餵養過的孩子們，都以她為師，受到鼓勵的她想到自己那兩把刷子，馬上收起眼淚來繼續拚。真心要告訴每一位讀這本書的朋友，一位八十歲的老太太（不，是小姐，她不喜歡人家稱她老太太）要一位八十歲的小姐拚家常菜宅配，真的真的……不是件普通容易的事啊！

林媽的宅配事業重新開始之後，我們又開始著眼進行食譜書，時機安排得很巧妙，就在一次臉書推菜的po文後，我的同學，也就是這本書背後的推手和執筆錢嘉琪，她在訊息中問我「忽忽味不是已經收了嗎？」經過我解說「林媽媽的忽忽味」的由來和演變之後，嘉琪忽然提到：「……好可惜，當初看到林維寫媽媽的菜還有人山的故事，寫得真好，我跟她邀了稿說是可以出版，結果去看完她主演的舞台劇《愛錯亂》之後，沒多久她就出車禍了……」

這段話讓我不住驚呼：「天啊！原來找了許多年都沒有答案的謎團，終於有解了……」如今這個意義非凡的食譜書即將誕生，除了一償岱維的遺願，也將林媽的生平故事和手藝記錄下來分享給讀者，翻開書頁透出的菜香是濃濃的無私母愛，更令人難以忘懷的滋味，則來自一個女人堅韌不拔的生命力和奮鬥力，但願每個人都能從林媽的故事得到力量，去克服生命的種種難關。

感謝嘉琪的大力幫忙，還有來自各方好友的情義相挺。更要感恩促成這一切美好發生的無形力量。

註：民歌手張小雯是「蕃茄主義」義大利餐廳的負責人。

她和忽忽是從少女時代就開始的好友，忽忽走後，她經常關心林媽媽，並幫忙經營管理「林媽媽的忽忽味」臉書粉絲團及宅配事業。

推薦序

記林維

丁曉雯

她有許多不同的稱號，標示著人生不同階段的狀態；她有許多朋友，藝文的、劇場的、音樂的、電影的、江湖的……，五湖四海交遊廣闊，顯示她有情有義的好人緣。住在淡水時期，就連流浪貓也成了她另類的朋友團。

她是林維，縱然經歷了許多悲喜交集、戲劇性的人生轉折，仍然天真熱情的林維。

我大概是她走前不久少數見到她的朋友之一，那天在淡水河邊的小咖啡館，我們幾個朋友聊了一下午的人生，知道她已放下了許多過往的傷痛，多了豁達與成熟，手邊仍有未來的計畫想做。

晚餐她帶我去吃淡水有名的好吃滷肉飯，遇到一群高中生要求合照，她笑著問：「你們知道我是誰嗎？」

孩子們開心地回答：「不知道，但還是要合照！」她大笑著爽朗地答應了。這是她在朋友心目中最典型的笑容。

跟林媽媽熟識起來是在林維走了以後，原來她早已鋪排好這一切，雖然她不在，林媽媽卻多了好幾個女兒，讓媽媽早年的傳奇廚藝重現江湖。

這就是林維，在天上笑著看我們繼續她未了的心願。

註：作者是音樂人、歌手、寫詞、製作、評審，也是忽忽的好朋友。

推薦序

人間有味

花兒

去年晚秋回台灣，原本打算在台灣的最後一天，一個人到淡水，看看忽忽的銅像，為她拂去身上的灰塵或雨水，陪她吹吹淡水的風。豈料當天一早小雯來邀約，安排了忽媽媽到她的「蕃茄主義」見面，當下我便明白，忽忽更願意我見見忽媽媽吧。真謝謝小雯的安排，若不然，我是沒有勇氣見忽媽媽的——我怕忍不住會哭。雖然乍見忽媽媽時，仍紅了眼眶，哽咽了聲音，但終究是剎住眼淚了。

忽媽媽愛烏及屋，摟著我頻喊：「花兒，花兒，終於見到妳了。」她知道許多忽忽與我之間的小祕密，老人家滿腹惆悵地說：「岱維怎麼這麼了不起，有妳這麼好的朋友！她常常提起妳。」

我與忽忽結識於網路上一位朋友的音樂網站，兩人初次對話，便有了共震，沒多久我幫她架「忽忽亂彈」，之後便發現像忽忽這樣的女子，對我這生活於常規下的平凡人，將是一幅驚心動魄的風景。往後的五、六年間，她也不枉我於她的驚艷。太平洋是我們之間的安全島，忽忽對我言無不盡，而在她多舛的感情路上，我也只能提供陪伴。

忽忽與母親感情甚篤，總像個小女孩，人前人後提起忽媽媽，提起忽媽媽的手藝、脾氣、性情、遭遇，提起忽媽媽的豆乾肉絲是超級大明星；獅子頭是母親命運的記號；又麻又辣的泡菜，則是母親為人四海的風味；而那一年一度的豆沙粽，母親的手掌芳香，伴唱著黃梅調。忽忽以母親為靠、為傲，也為榮，她生前寫給我的最後一封信上提到母親：

「花兒，

謝謝妳，最近我也挺忙的，今天才有空好好坐下來回妳的mail。

獅子座小朋友的叛逆期很可怕，媽媽要有耐心，除了包容，沒其他的辦法。我當初如果沒有我媽媽，早就不知到哪兒去了?!

除了排戲，我也替台北縣政府觀光網站寫些淡水的文章，還不錯，他們很『尊敬』我，我寫什麼他們都說好~好~看~~。

演完戲就要趕食譜，又接了一個學學文創的課，一週一次，八週為一期，如果受歡迎的話就可能是長期的。還要幫李國修的劇團寫他們二十五年的屏風演義，事情好多，收入也會較穩定。真的是累積到一個成績，開始收割了。

這些算是好消息吧，與妳分享！

莎兒（註2）」

忽媽媽是忽忽的人生主調，忽媽媽的食譜故事是她未竟的遺願；忽忽味，是懷舊的滋味，是忽忽留下的人間滋味。

忽忽出事後的第一天，她便來夢中與我告別，一身素淨打扮，笑盈盈地來看我，我們好像在誠品地下室吃豆花那樣，坐在一起聊了許多。而後，她突然在人群裡消失了，我樓上樓下的尋找，沒找著……她走了。

人世無常，忽忽走得突然。忽忽走了，留下忽忽味給我們。

謝謝小雯的安排，在台的最後一天，得以在「蕃茄主義」一道道會呼吸的義式美食間，與忽媽媽相遇，那個午後，人情的溫潤，連同空氣中的氣味，至今仍久久不去，在我心裡。

二〇一六年二月十三日凌晨於溫哥華

註1：作者是忽忽的網友，她們之間有非常深的友情。忽忽的部落格當年就是作者幫忙架設的，至今她仍是臉書「林媽媽的忽忽味」粉絲頁的管理員之一。

註2：莎兒是作者對忽忽的暱稱。

推薦序

從舊約到流言——從林維到忽忽

王耿瑜

總之，我人生中最仰慕最癡情的也還是神祕學那一塊

我喜歡翻開人層層疊疊表情後心靈孤獨浩翰的真相。——忽忽

一九八五年一月二十九日

杭州南路巷子裡，三十多坪的公寓房子，八個榻榻米的客廳，每週二、六開始聚集，一如公社。剛開始的作業，是要把自己從小到大的故事編年，約莫在那時認識林維，聽到許多女人和愛情的故事，我們開始即興排演。

一九八五年四月二十七日

這票老蘭陵加上新朋友，在想了幾百個名字後，決定了團名「筆記劇場」。第一齣戲是改編自香港進念二十面體榮念曾先生提供的《舊約》，由

阿晃導演，取名《流言》。「林維和麗音，眼睛互看，情緒抹掉」筆記上，如是寫著。

一九八五年五月二十六日

我們在新象小劇場演完《流言》，一票人到長春路巷子裡的人山餐廳慶功。在那個窮學生的劇場年代，能夠如此開懷的左攻紅椒豆乾肉絲、右捧紅燒獅子頭，真是一件無比幸福的事，只有在這種時候或是有立群、國修這種大人帶著，才能享受到。那年七月，嘉華導演了《舊約》，林維和阿蹦即興同居戲，依舊在仁愛圓環旁地下室的新象小劇場。

一九九〇年代，偶爾在林維從美國、大陸、香港返台的縫隙中，一起喝杯咖啡。

千禧年之後，我們總是欣喜地等待被召喚，從淡水渡船口的老式平房、到古拙公廁巷內的頂樓加蓋。只要林媽媽的麻辣鍋底上桌，就是蝗蟲過境的開趴日。也在那段時間陸續看到她的文章和畫作，以及時不時地「奧修禪卡」幫大家的人生指點迷津。

二〇〇六年七月二十六日

《明明不是天使》的扉頁，題著：「給親愛的耿瑜 看著玩」很林維的語法。

二〇〇八年十一月十八日

這些年，聚會中途，總有人陪她出門，餵養街貓，路線、暱稱，朗朗分明。

這一天，小小的「有河」書店擠滿了為街貓請命的文人及政治人，我被忽忽邀了去側拍記錄。這個女人的狀態，已然從個人的私我的，轉化為大我的眾生的。

二〇〇九年十一月十二日

第五屆紫絲帶電影節和金馬影展合辦，我們在板橋林家花園舉行，邀請了王心心、許景淳及陸弈靜演出，侯孝賢導演也和一票外賓電影人與會，那時「忽忽味」已經開始，忽媽媽的私房好料理成為那晚最讓人驚豔的味道。

二〇〇九年十二月二十二日

冬至晚上，在土城賀四家小聚，突然接到馬偕醫院的電話，當下趕去淡水。急診室外，永遠記得林媽媽坐在長椅上悲嘆道：「無常，我知道了！」

後來這幾年，大家每每在母親節的第二天，聚集到忽媽媽新店的家，完全是台語的「有吃又有拿」。這真是一個奇特的緣分，忽媽媽像是多了十幾個女兒，我也在眾聲喧嘩中，透過忽忽不同時代的同學朋友，拼湊並回憶那些或許知道或不知道的林維。

註：王耿瑜，劇場人、電影人。從蘭陵劇場時代即與忽忽結識的三十年老友。

作者序

我的女兒，忽忽

周碧蓮

忽忽是我的第一個小孩，她出生在一個風雨交加的夏夜，當時我坐在腳踏車的後座，正要去打麻將的路上。一不小心腳踏車顛簸摔了一跤，忽忽就這樣提早「摔」到這個世界上來。

她出生時只有七個月，個兒特別小，僅一千八百公克，馬上被送進保溫箱。隔天我去看她，隔著玻璃看她孤伶伶躺在保溫箱裡，像隻無助的小白老鼠，既瘦又小，彷彿一陣風就可以吹跑。住院那幾天我天天去看她，生怕這孩子活不了。出院回家之後，面對又軟又小的嬰兒，我也束手無策，想幫她洗澡，不敢更不知從何著手？最後還是鄰居林大嫂看不過去，跑來幫忙，替她洗了生平第一個澡，此後，林大嫂足足幫她洗了四個月的澡。

早產的忽忽先天不足，自小體弱多病，除此之外，她真是自重自愛的乖小孩，國小當了六年班長，拿了十二張模範生獎狀。她初上小學那年，由於個子太矮小，我不放心，特別牽著她的手到教室拜託老師多多關照。

老師瞥了她一眼，皺眉問我：「這麼小?!要不要明年再入學？」我千拜託萬拜託，老師才勉強答應讓她入學，但丟下一句：「我們再觀察看看。」

所幸忽忽夠爭氣，第一次月考就考了第一，此後一直到小學畢業，她一路拿第一。

忽忽不但在課業上不用我操心，生活上也很自律，唸小學那六年之間，我沒有一天早起過，只要前一天晚上幫她把隔天要穿的衣服準備好，早上她自己起床、穿衣，打開我的皮包拿取當天的零用錢，然後大聲告訴我：「媽，我拿了五塊錢。」就開門自己上學去。下午四點左右，她下課了，有時候碰到我出去打牌，她會搬張小矮凳站在流理台前淘米洗米，先幫我把飯煮好。

但這個很乖很會唸書的小孩，上國中之後開始變了。

忽忽國中唸的是金華實驗班，一班四十五個同學，個個是拔尖的唸書好手，第一常勝軍很難再保持小學時代那種佳績，她就像被劃了一口子的氣球，一整個地洩氣了。

約莫國二開始，忽忽不再愛唸書，整日趴在書桌前爬格子，寫完的稿子全被她藏了起來，說什麼也不肯拿給她爸爸看，小腦袋裡成日地幻想著。

她當時有個自己的房間，房間裡一整面白牆壁都被她的塗鴨畫滿了，雖然她不愛唸書，鎮日裡畫畫寫稿，但我不曾管過她，也不曾說她一句，忽忽自小就是那種叛逆的小孩，越壓反彈越大，加上我從小被管怕了，有了孩子之後，態度一貫就是給他們充分的自由和愛，也因此忽忽跟我說話向來沒大沒小，我們母女之間沒有什麼祕密，講起話來嘻嘻哈哈。忽忽的同學、好朋友來到人山，看到我們這對寶里寶氣的母女成天抬損，竟然頻呼：「好羨慕妳們哦！」

忽忽國中沒唸好書，到了高中更麻煩，她一共換了三間學校，一路從辭修、靜修唸到開平，每一次轉學都因為她跟老師吵架。吵得最兇的一次，在她高二那一年，訓導處打電話請我親自去一趟，因為他們要讓忽忽退學。我聽了心頭一驚，但沒敢跟她爸爸講，我太瞭解外子的個性，他到現場一定先訓自己的孩子，少不了一頓打，照忽忽的硬脾氣，場面一定越鬧越僵。因此我打了一個電話給當時的中華日報總經理，請他陪我赴龍門宴，史伯伯可是有名的「老狐狸」。

到了學校，我先跟訓導主任打躬作揖鄭重道歉，然後我說：「你們就這樣讓她退學，請問她一個小孩子要怎麼辦？再說這孩子待在學校的時間比

歲月匆匆，倏忽而過的人生，
短的是匆匆聚首，長的是味蕾上愛的記憶！

在家的時間還長，沒把她教好，我們做家長的固然有責任，學校也脫不了關係，您說是不是呢？」一番話把訓導主任堵得啞口無言，這時候史伯伯跳出來打圓場，最後學校終於答應再給忽忽一次機會。

我能為忽忽擋掉退學的難關，卻不能為她遮止感情路上的風風雨雨。忽忽從國中時代就有很多人追，談過許多段大大小小的戀愛，她的個性熱情，很容易愛上一個人，但緣分過了她亦毫不留情。在愛情這條路上，她走得顛簸辛苦。曾經，我跟天下所有媽媽一樣，希望她進入婚姻，有個厚實肩膀可以依靠，但後來我放棄了這種希冀，因為那是我的想法，未必適合忽忽，我希望她能快樂自在地生活，能這樣就夠了！

很可惜最後連這點小小心願也未能如願。

忽忽走了之後，她的朋友經常來看我、關心我，逢年過節都來看望。忽忽從小相識的小雯對我尤其關心，經常噓寒問暖。今年過完舊曆年，小雯找了一幫子忽忽的老朋友來跟我拜晚年，我燒了一桌子好菜請他們喝春酒，菜香笑語中，我臉上咪咪笑著，內心卻泛起一股酸楚，想到早逝的女兒。

吃完飯，客人陸續走了之後，小雯打電話來告訴我：「林媽媽，我們留了紅包在妳家，怕妳不肯收，所以偷偷藏在各個角落，妳要把它收好哦！」

我從許多角落找出那些紅包，算一算有三萬多元呢！

我拿著那些暖暖包一樣的紅包，好想大聲告訴忽忽：「妹妹，謝謝妳，妳雖然走了，但妳為媽媽找來好多女兒，她們都跟妳一樣愛我！」

這本書是我和忽忽的共同回憶，多年前忽忽跟我說要出書的時候，我一口答應，因為凡事都有她幫忙擋著。她走後，我做什麼都不起勁，小雯去年跟我再提起出書一事，我其實有些害怕，因為站在前面的忽忽不見了。但小雯跟我說：「林媽媽，這是忽忽的心願，我們要幫她完成。」

於是，我挽起衣袖為食譜也為忽忽烹煮她愛吃的菜餚，感覺愛的力量回來了。是的，我愛做菜，因為食物裡有愛。歲月匆匆，倏忽而過的人生，短的是匆匆聚首，長的是味蕾上愛的記憶！

Part 1

那段人山人海的日子

人生就是戲

年輕時候喜歡聽歌，記得有一首老歌叫《人生就是戲》，歌詞是這麼寫的：

「人生就是戲，演不完的戲，有的時候悲，有的時候喜，看戲的人兒最呀最稀奇，最呀最稀奇，陪著流眼淚，陪著笑嘻嘻，隨著劇中人忽悲又忽喜，完全完全忘了他自己……」

我今年八十歲，回頭檢視自己走過的人生，發現這首歌正是最好註腳——是的，我的人生就像一場變化難測的戲！

我是在上海出生的台北大橋頭人，身分證上的出生地雖然寫著上海，但其實我在迪化街長大，是不折不扣的台灣人。小時候家境富裕，家裡有三個丫環專門伺候我。結婚前，我沒有上過一天班，最愛做的事是看小說和跳舞，二十二歲的時候認識外子林適存，他正好大我二十二歲，當時是中華日報主筆以及副刊主編，筆名「南郭」。他和當時文壇的著名作家、文人，如

胡適、川端康成都有往來。

一個愛看小說的女文青，認識了既是作家又認得許多作家的副刊主編，就像小粉絲幸運遇見大偶像，甭提有多開心了。加上外子比我年長許多，凡事都願意讓著我，又給我充分的自由，這一點完全打中我的心。

那個年代還不流行西洋占星，很多年後星相學在台灣成為顯學，女兒忽忽用星座分析我的個性，一算之下拍案叫絕：「媽，妳果然是半人半馬的射手座，難怪誰都別想拴住妳！」

現在回想，「不自由，毋寧死」的確是我最好的座右銘啊。

因為合得來，我和外子認識四個月就結婚，婚前我對外子說：「沒錢沒關係，給我自由就好了。」婚後，他果然遵守承諾，從來不約束我，由著我做自己喜歡的事，不想做菜就出去外頭吃，興起跟著左鄰右舍的婆婆媽媽們學做外省菜，回家我煮什麼外子都捧場。

在陸續生了女兒岱維（長大後跟她爸爸一樣愛寫作，作品散見各大報，筆名忽忽）和兒子之後，有一天我這個自由自在慣了的家庭主婦突然宣布：「我想開餐廳！」

人生的舞台場景從此不同。

餐廳首部曲，中華日報福利餐廳

我開的第一間餐廳叫「中華日報福利餐廳」。

嚴格說來，它不算我發想的餐廳，而是我接手別人不想經營的一家簡餐店。餐廳開在台北松江路上，前方是中華日報的廣告及發行部，後方就是福利餐廳，主要供中華日報報社員工用餐。

福利餐廳先後經過幾任老闆經營，民國六十年，當時的老闆已無心再戰，報社總務組長急著尋找接手的人，一個星期天下午大家聚在一起打牌，總務組長提起這檔事，順口問我有沒有興趣？

當時我兩位做外場服務業的弟弟正好失業在家，我暗忖如果頂下餐廳，不正好為他們提供一個工作機會嗎?!便一口答應了下來。

那一年，我三十四歲，意外從資深煮婦變成餐廳經營者，人生第一次踏入職場。

開餐廳的決定看來匆促唐突，但素來尊重我的先生卻沒有什麼異議，唯一的要求是「把家庭顧好」，那一年女兒小六、兒子小四，功課都不需要我

多操心。

我這個人雖然膽子不小，但開餐廳畢竟茲事體大，我害怕自己一個人擔不下來，最後邀請總務組長的太太黃百合和很會做菜的唐媽媽一起合夥，頂下福利餐廳，每個月繳交五千元租金，盈虧自付。三個合夥人有人管外場，有人坐櫃台，有人負責掌廚，各司其職。

當時坐櫃台的人是我，負責招呼進門的客人，我這個人雖然很有個性，但講起話來軟軟的，從不和人大聲吵架，因此人緣不錯，再刁的客人碰到我也沒輒。

有一回有位年長的男客人上門吃飯，點了一碗酸辣湯，外場被他連退兩次，總嫌湯不夠酸。等服務生第三回送湯上去，他又不滿意的時候，我可忍不住了，悄聲喚來服務生，用湯匙試了那碗一再被打槍的酸辣湯，確認它真的酸不拉嘰之後，我親自端著湯來到挑剔男客面前，笑咪咪軟聲問他：

「怎麼著？這湯還不夠酸嗎？老先生您糊塗了吧?!當心我不賣你哦！」

那位男客人一抬頭，看到我臉上堆滿笑，當場想發脾氣也發不起來，最後終於妥協，默默接下那碗貨真價實的「酸」辣湯。所謂不打不相識，這位客人不但當天沒有生氣，日後還變成福利餐廳的熟客，經常上館子吃飯呢！

再接再厲，二樓福利小館

我經營的福利餐廳生意一直很好，客人總是滿堂。後來中華日報要收回福利餐廳的位置另做他用，在店裡搭伙好幾年的客人捨不得我們收店，紛紛要求我們另覓地點再開。

在客人一再要求之下，我在報社後面的一條巷子，找到一間出租的二樓店面。後巷雖然人潮少，租金卻不便宜，一個月要一萬五千元，比之前足足貴了三倍。但憑著客人的打氣和自己一腔莫名熱血，我們三個合夥人又繼續合作開了第二間餐廳，改名「福利小館」。

福利小館雖然請了爐灶師傅掌廚，但生意好的時候，三個合夥人都得放下手邊工作，跳進廚房幫忙。切菜的切菜，洗碗的洗碗，我則繫上圍裙操起鍋鏟賣力揮動。

後場常見的狀況是，兩管噴火爐虎虎叫，菜料在熱鍋裡茲喳跳，前場服務生不斷送來點單，吆喝聲四起，火影油光裡一定要記得保持頭腦清醒，否則配錯了料上錯了菜，客人可是不買單的。

廚房裡的忙亂緊張不輸打仗，多年後我在電視上看到介紹外國大廚工作的「地獄廚房」，馬上心有戚戚焉，後場如戰場的形容真是一點不假。開餐廳就是個文武場，店門打開好像戲台子上的布幕拉開，鑼鼓喧聲裡戲開始上演，演員再累再疲都得撐著唱下去，還得唱得客人滿意，覺得值回票價。

至於回饋嘛，唱戲的人盼的是台下觀眾的如雷掌聲，開餐廳的我則陶醉於客人的一再回籠，有時候我覺得甚至有那麼點兒上癮的味道，尤其看到客人吃得心滿意足，多年不見的老客人碰面時，拉著我的手叨叨絮絮說著自己多麼喜歡餐廳裡的某道菜，說真的，那時候心裡的滿足，真不是金錢所能計算的。

開餐廳是一場火裡來油裡去的歲月，
炒鍋烹製了美食，也磨煉了心智。

那段人山人海的日子

「人山」是我開的第三間餐廳，作家高陽為這間餐廳命名的時候，彷彿在名字裡預埋了一個好口采，這間餐廳開幕之後，每到用餐時間生意恰如其名，真的是「人山人海」。

「人山」的誕生跟我前面開的兩間餐廳一樣，純粹是個偶然，完全不在我的人生計畫班表上。

話說我在二樓開設福利小館幾年之後，一樓房客搬走了，房東太太看福利小館生意做得不錯，順口問我有沒有興趣一併租下來？

正好那幾年台北流行起蜜蜂咖啡，我想租下來開個咖啡館，讓報社記者和附近上班族多個落腳休息的地方，便一口爽快地答應下來。這次我找了作家高陽的太太郝天俠當合夥人，為餐廳取名字這等大事，身為合夥人老公的高陽自然責無旁貸。

天俠小我十歲，是軍人子弟，人非常大氣，個性正如其名，頗有那麼

幾分俠女的味道。我們可以說一見如故，她嫁給高陽之後，每回夫妻倆從南部上台北，我們都會一起吃飯，女兒忽忽習慣喚她「好姨」，每次見面總是好姨長、好姨短地叫個不停。當時高陽在中華日報副刊有專欄，外子經常讚美他才氣洋溢，副刊偶爾缺稿請他支援，高陽大筆一揮洋洋灑灑就是好幾千字，下筆又好又快。

人山的初始老闆有三位，除了天俠之外，還有我的弟妹阿綢，三個女人風風火火把店開了起來。因為一開始設定要賣咖啡，我們在餐廳規畫了一個長吧台，負責吧台的人是天俠，很多客人上門習慣往吧台靠，除了坐下來喝杯咖啡外，也因為客人們都愛跟豪爽的天俠聊天。

但開餐廳是這樣的，有好客人也有奧客，五湖四海什麼客人都可能上門。

有一回我走進餐廳，看到一位男客人隔著吧台猛吃天俠豆腐，她被那位男客人糾纏到有點手足無措。一看狀況不對，我射手座好打不平的血液，剎時在體內奔流，二話不說，我往天俠身邊一站，瞪著那位男客人笑笑說：

「先生，我們這裡只賣一杯四十元的咖啡，請問你以為這是什麼地方啊?!」不識相的男客人碰了一鼻子灰，只好默默退下。

對我來說，天俠不只是合夥人，她也像我的妹妹啊！

磨出一身煮藝

人山開幕之初是咖啡店，店裡擺著當時流行的小蜜蜂機台，但客人上門不只喝咖啡、打電動，到了用餐時間他們還要吃飯。

應客人要求，不久我們也賣起套餐，第一天先試推回鍋肉，限量八分，一下子賣光光，套句現在流行的形容叫「秒殺」。後來陸續推出粉蒸肉、醬鴨，一樣叫座，簡餐的銷售成績慢慢超越咖啡，成為人山的主力，每天中午固定會有四到五種不同的套餐選項。

人山的所在位置是商業區，中午最適合賣這種出餐速度快的商業套餐，每天十二點一過，客人從四方聚攏，很快把餐廳擠得水洩不通，廚房急著出餐，客人吃完就閃，猶如麻雀一批又一批來了又去。除了賣套餐，應附近上班族要求，後來我們也開始供應餐盒，平均一天賣出兩百個以上的便當。

剛開始店面小，僅二十坪上下，除了長長的吧台，只有十多個座位，但生意好到客人願意站著吃。看到我們人手忙不過來，熱心的客人自動自發幫忙端菜，相處就像一家人。

民國七〇年代後期，長春路和松江路那一帶，除了中華日報，還開了許多廣告公司以及製作公司，後來自由時報也搬到附近，他們都成為人山的客戶班底。因為製作公司以及餐廳附近就有秀場太陽城的關係，有段時間餐廳裡星光熠熠，許多明星作秀前後都會到餐廳消費，張菲、費玉清、高凌風、澎恰恰、楊烈都曾是人山的座上客，張菲每次來吃飯，付帳時都不忘付點小費，讓人印象深刻。

當然更不用說作家司馬中原、高陽，還有中華日報的記者、長官們，一直都是人山的常客。女兒忽忽從中學開始就在人山打工，她長相可愛，客人都愛逗弄她，她跟我一樣生就一張利嘴，但我會笑咪咪地罵人，忽忽可真的會翻臉，喜歡她又怕她的客人比比皆是。等她從學校畢業，到蘭陵劇團工作那段時間，人山開始可以看到李國修、李立群和顧寶明的身影。

有段時間，年輕的王偉忠也常來人山。第一次在餐廳看到他時，他還不是大製作人，我記得他斜靠在吧台邊跟忽忽聊天。我直盯盯看了他好一會兒，最後忍不住好奇問忽忽：「好有趣啊，怎麼有人的眼睛生得這麼小?!」

由於生意實在太好，後來我們又租下左右兩間店面，再把二樓的福利小館也收納進來，專做筵席生意。全盛時期的人山，樓上擺了三張大圓桌，樓下則專接散客及桌菜。有人要請客，只要提早半小時打電話來，招呼一聲：「林媽媽，幫我配一下菜。」我絕對幫他辦得妥妥貼貼的。

開餐廳不只要會配菜，這十多年來也慢慢磨出我一身「煮」藝，我的許多拿手菜都是在廚房幫忙時，偷偷觀察廚師一點一滴學會的，辣椒鑲肉、麻婆豆腐、回鍋肉就是這麼學來的。

1 年輕的忽忽有很長一段時間都在餐廳幫忙。

2 忽忽二十多歲開始接觸劇場，演過許多舞台劇。

人山的好菜堆砌出我人生的重要回憶，
那滋味真箇是酸甜苦辣鹹五味俱全。

相約去試菜

我和天俠不只個性投緣，興趣也相仿，開餐廳那段時間，為了開拓菜單，我們經常相約試菜，我有個本事，只要吃過的菜，味道就會烙印在腦海裡，回家照著記憶摸索試做，味道多半八九不離十。

那年人山決定要賣麻辣火鍋，我和天俠為了考察市場，幾乎相約吃遍台北辣鍋名店，最後歸納整理出各家火鍋店的優缺點：有的麻辣火鍋勝在花椒香，火鍋一端出來香傳千里，但吃到最後才發現鍋底渣多，掃了食興。有的麻辣鍋辣味衝過頭，腸胃不好的人吃了易滑腸，隔天猛拉肚子。有的煉油不精，鍋底的紅油帶著油耗味……。

最後我綜合自己吃鍋的經驗，調配出獨門麻辣鍋底，用豬骨、雞骨加花椒、燈籠椒和大料熬製鍋底，起鍋前再把渣滓濾得乾乾淨淨，讓人在涮完火鍋料之後，還能喝碗香辣不刺激的麻辣高湯。

這道「能喝的」麻辣火鍋，不但在人山開賣時很叫座，多年後我和女兒合作在網路推出「忽忽味」私房菜宅配，依然是冬天的熱賣選項。

很多人愛吃我的麻辣火鍋，尤其鍋底的豆腐和鴨血，那是因為我特別用心料理這兩味麻辣火鍋最佳配角。豆腐必須選水分較少的老豆腐，麻辣高湯熬好之後，先煮豆腐再滾鴨血，務必燉到豆腐膨大，表面出現一個又一個的洞眼，這樣的豆腐和鴨血，每一口都帶著麻辣湯汁的鮮香，吃在嘴裡特別夠味。

我對食材的處理和烹飪工序的堅持也一樣龜毛，人山有位專門負責採買的歐巴桑，有一次買回來的豬肉帶著一股羶味，我在爐灶旁試炒了幾盤都不滿意，二話不說抓起那二十斤豬肉就往垃圾桶丟，旁人連忙勸阻：「羶味豬肉不賣客人，可以改做員工餐啊?!」

我的原則一向是自己不吃的東西絕不賣給客人，相同的道理，不想賣給客人吃的東西，又怎麼能給員工吃呢?!

人山全盛時期聘有八名廚師，有些師傅規矩聽話，完全照表操課，有些比較調皮的就會偷工，不按工序規規矩矩料理，總想跳過一、兩個步驟，每次出菜，我站在廚房門口用眼睛一瞄，那些偷雞摸狗的把戲馬上無所遁形。對付這種師傅我二話不說叫他退回去重做，師傅們都打趣：「老闆娘背後長

有時候，
就因為多了一點點堅持，
尋常平凡的滋味得以升級，
因此才能
在客人的味覺記憶裡
一直閃亮。

了眼耶！」其實我是憑經驗看顏色和賣相，準確度比X光還厲害。

人山的招牌菜「豆乾肉絲」吃過的人都讚不絕口，直到今天我做宅配，它依然是熱賣菜。客人問我這道菜的料理訣竅，其實也在「講究」和「堅持」這四個字上。

有一回在廚房幫忙切豆乾的阿姨，因為經驗不足，豆乾切得稍粗一些，我皺著眉打量那一堆如小山似的切好豆乾，足足可以炒出十六分豆乾肉絲，掙扎了一會兒，還是毅然決定全部倒掉，重新再切。

師傅問我：「何必丟掉，客人不一定看得出來。」

我回答：「客人不一定看得出來，但是會吃得出來，因為豆乾切得不夠細，炒出來的豆乾肉絲味道就是不對。」

有時候，就因為多了這一點點堅持，尋常平凡的滋味得以升級，因此才能在客人的味覺記憶裡一直閃亮。

結伴瘋算命

我有九個兄弟姐妹，但論起感情和投緣程度，天俠跟我比親姐妹還要好。從小我就是個愛玩的人，這一點，天俠跟我一樣，我們合夥開餐廳，也結伴一起吃、一起玩、一起去——算命！

是的，我們曾有一段時間很「瘋」算命。幾乎一聽到客人提起說那裡的算命準，我們兩個算命瘋子馬上相約去試。

開餐廳是兩頭班，人山的生意穩定以後，只要忙過最顛峰的午間用餐時間，我和天俠就會趁著空班溜出去玩，其中結伴算命是我們當年最愛做的事。

為什麼這麼愛算命？現在想來，是因為彼時兩人都對未知人生有著諸多好奇的緣故吧?!小時候看小說，我永遠撐不到最後，總看到一半就忍不住先翻到最後一頁去讀結局，算命也是一樣的心情，透過手掌紋理、身體骨相，以及出生時間埋下的線索，被算命師一一爬梳出來，再依脈絡拼整成一個有

系統的生命圖像，每一回去算命，都好像打開一只神祕的生命寶盒，對當時還稱得上年輕的我們，的確充滿魅惑啊！

記憶裡最瘋的一次，兩人買了車票坐著火車來到台南，去找一位傳說中神準的何姓算命仙。這位何先生擅長摸骨，生意極好，找他算命要先預約。曾有一位朋友不信邪，喬裝打扮去台南試了他三次。事後朋友說：「他三次說的一模一樣，你說神不神?!」鐵齒朋友拍案叫絕，徹底被收服了。

另一位也去台南算過命的朋友，則被摸骨仙斷言在工作崗位上會一直高升，賺很多錢，但到了某某年他的職場生涯會碰到一個難過的關卡。

朋友問：「我能熬得過去嗎？」

算命師說：「即使熬過一關，最終還是要下來。」

這位朋友真如預言，有好幾年在職場上一帆風順，一路從副組長、組長做到總經理，薪水也一再調漲。到了算命仙預言的關卡年，他挺過首波裁員風暴，最後還是被人拱了下來。

記得我們到台南算命那一回，算命師一摸天俠的手就說：「妳是個很正直很好的人。」

至於我，他這麼說著：「妳的背很直，身體很好，只是弱在心臟。」我到現在八十歲了，心臟裝了四根支架，腰桿子卻一直挺直，從來不知道腰痛是什麼滋味，也沒有骨質疏鬆的問題。

那一回，何姓摸骨師還摸出我的用錢哲學，他說：「妳這個人啊，有錢就用，錢出去了會再進來，進進出出，妳總是有錢可以用，但不會存到錢。」他預言我中年會有一次破敗。

現在回想，我算過那麼多次命，很多算命師都不約而同提到這個關卡：我的人生在五十多歲的時候，必有一次大破！

告別人山

彷彿為了呼應算命師的預言，人山在我五十四歲那年走入歷史。

在那之前，天俠跟高陽離了婚，想赴美轉換心情，要求退股。我那正好失業在家的的么弟順勢遞補進來，餐廳在天俠走後擴大了，生意依然很好，但是在亮晃晃、熱鬧滾滾、人聲鼎沸的表相之後，其實一直有著淡淡隱憂——餐廳生意好，卻並不賺錢！

正如何姓算命仙的鐵口直斷，我不善理財，對金錢完全沒有概念，雖然不賭、不酒、不玩股票、不買名牌，也不愛出國玩，手邊卻總是留不住錢。餐廳開了十多年，靠著外子的稿費和薪水，加上「人山餐廳」的滾滾人潮，有好多年我大咧咧地豪氣花錢。

餐廳開了十多年，的確賺過一些錢還買了房子，最後卻全部賠進去。財來財去，好像海浪捲過沙灘，你用力在沙上蓋城堡，卻敵不過一陣浪襲，潮浪退去的時候，沙灘上原來什麼都留不住。

我發現人山的財務出現問題時，財務破洞已大到難以彌補，同年我又被朋友倒會，積欠債務高達一千多萬，賣了房子仍補不回來。讓我承受很大的精神壓力。民國八十年，為了餐廳的大窟窿，我又去算了一次命，算命師建議我：「趕快結束餐廳的營業吧，先求止血再說。」

回來之後，煎熬了幾天，我毅然做了這個最難做的決定——告別人山。我先召來餐廳員工，向他們宣布決定，把該發的薪資都發了，安靜處理完一切事宜之後，一方面為了逃避黑道追債，一方面怕牽累家人，我留了一封信給外子，悄悄離家出走。我在紙上寫道：

人山在我五十多歲時結束營業，餐廳雖然關了，但還有全家人的愛做為後盾。

「適存，對不起，我走是不得已的。只有逃避，有苦說不出，一切都是我的錯。碧蓮」

那時候的我，像被掏空的盒子，極需一點空間和時間，重新整理紊亂心情。

那是我從來沒有嘗試過的離家經驗，還好當時兩個孩子已經成人，毋需太掛心。我獨自到板橋一家工廠幫傭，薪水則全數用來償還債務。正在美國遊學的女兒忽忽聽說人山欠債的消息之後，還特別標了會，寄錢回來幫忙。

離家半年後，兒子在板橋找到我，把我接回家。感謝我的家人，他們對我的生意失敗和小小任性，從來沒有一句怨懟和責備。

時間之輪跑得飛快，人山結束至今匆匆二十多個年頭過去，餐廳的記憶已遠，許多親人在生命裡一一離去，彷彿天上雲朵無奈地被風支配著所有悲歡離合。光陰漠然碾過之後，人山像一幅浸泡在水裡已久的油彩畫，顏色漸漸淡去。但值得快慰的是，這麼多年之後，我依然可以從很多老客人和老朋友的口中，聽見他們對那段人山歲月的回味，也總在那一剎那，我彷彿又在回憶裡，跟人山恍然相逢。

歲月匆匆而過，
那些走過的日子和昔日榮光，
只能在舊照片中尋找。

人山餐廳

五光十色的大舞台

忽忽◎文

因為媽媽開了餐廳，忽忽整個少女時期都在人山餐廳度過，餐廳像是她的另一個家，下了課，同學清一色往餐廳帶，忽媽從來都是眉開眼笑地請客。

在忽忽筆下，人山其實更像一個五光十色的舞台，每天開門營業像鑼鼓喧天拉起舞台布幕演出，川流不息的客人，忙裡忙外的工作人員，指揮若定的老闆娘，意見紛歧的合作夥伴，為這個大舞台串演起劇力萬鈞的戲碼。人生如戲，這是忽忽眼中的「人山」……

我媽在我國中時開了家人山餐廳，位於松江路和長春路口，當時附近有不少公司行號：中華日報、國華廣告、震旦行等，中華日報採訪組長期在我們家包飯，那時候的採訪組長是盧中芳，後來是張祖安，年輕時帥帥的張國立是我們家的客人。

前幾年認識的朋友中居然有好幾個人山的老客人。例如名記范立達剛進中華日報當菜鳥記者時，就曾在我家搭過一年的伙。所以有一次見面，他搖著頭對我說：「齁！那個海帶豆芽湯！」一副白頭宮女，不勝唏嘘狀。

我認為我家最好吃的菜是豆乾肉絲；豆乾切得細細，入口滑嫩，一般豆乾炒起來都很硬，有點豆子腥。但我家有一道簡單的處理，就把豆乾肉絲變成閃亮大明星。有個客人老遠從美國飛回來，特別指名要吃這道菜。吃了兩口後，筷子放下，愁雲慘霧地跟我媽媽說：「老闆娘這不是妳炒的對不對？」我媽媽只好親自下廚炒一盤給他吃。

住在美國的有一天，我在99超市買菜，赫然一個中年男人，站在我面前不肯走，手指著我，一臉很執著地：「妳妳妳……」妳半天。我幾乎被他催眠了，傻望著他等他下文。好不容易他蹦出四個字：「豆乾肉絲。」

還有一次我路過香港，剛好朋友的舞台劇要演出，臨時抓我寫兩段獨白，其中一段寫的就是豆乾肉絲。當時暗寫的是愛情。演出的時候我去看，沒想到演員是導演關錦鵬，聽他緩緩地，以不太標準的國語唸出那段獨白，我開心地彷彿心裡投下一顆小石子般蕩漾了好久。那時我們好迷阿關的《胭脂扣》。沒事一票人半夜跑到西環，就是電影場景附近，滿街大叫「如花」、「如花」。

我相信自己的瘋勁是早期憂鬱碾過的痕跡。於是就有了不在乎。不在乎

在乎吃，一定就會在乎材料品質，
尋常炒一道菜也有許多講究，
而這些細節正是造就美味的關鍵。

其實是掩飾自己的太在乎。

我在乎自己，在乎愛，在乎家人和朋友，在乎純粹的質，我在乎甚至堅持要吃到好吃的酸辣湯，可惜在美國的那幾年實在找不到合我口味的，只好打越洋電話回家問清大小細節後，自己動手做。不過麻辣鍋底真是件麻煩的事情，十幾道手續，過程起碼三個鐘頭以上，最後還要拜託朋友幫忙一起吃，因為人多吃麻辣鍋才好吃。對於吃麻辣鍋這件事，我大概是最願意付出又不厭其煩的吧！

人山是高陽取的名字

人山餐廳是高陽取的名，我媽跟他老婆好姨合夥的。她們倆真是絕配：好吃、好請客、好算命。常常趁著下午休息的時間跑到某某地方去算命，把店丟給我一個人。當時還兼賣火鍋，一回她們去宜蘭找一個濟公，直到八點半才回來。進屋一看，哇！滿屋子鬧哄哄全是人，大半的客人吃的是火鍋。

吃火鍋客人很輕鬆，我卻忙昏了，要用機器切肉、做鍋底、加白菜、豆腐、青蒜、番茄、點菜、送菜。總之我已七手八腳做了一屋子的火鍋，好幾桌都買單走人了。事後我媽和好姨跟我陪了三天的笑臉，因為我臉臭臭地說：「喂！妳們這些大人太沒責任感了吧。」不過心裡暗爽好久。我想，在這樣的餐廳長大，多少有被訓練到吧。

因為位在商業區，中午忙起來一個鐘頭有百來個客人，常常是「嘩啦」一下洪水般地湧進。一坐十桌八桌，得記得誰點了什麼菜，誰先誰後，隨時盯廚房出菜。有些客人對端錯菜這事反應很激烈的，好像跟自尊名節有關似地臉紅脖子粗。不過來我們家的客人都蠻可愛的，有些人常見面也都混熟了，再熟一點，就會自己動手添湯、添飯，跟自助餐大食堂似地，省了不少人工。

我佩服我媽媽的一點是，她能把最壞最挑剔的客人，變成最好的客人，活生生的一個例子，便是教我紫微斗數的老師，她原是我們家的客人，嘴巴又刁又壞，硬是被我媽馴得服服貼貼到後來變成朋友，其實她比我沒大幾歲，不過太喜歡我媽的為人了，自動跑去她那一國，硬要當我的長輩就對了。

從唸小學開始，我和我弟就喜歡帶同學回家吃飯。開了餐廳以後，我們仍照帶不誤，而我媽從來都是眉開眼笑地請客，這點她真的很大方。

然則請客這事到了我弟當兵，我進了電視台、劇場以後就越來越誇張了；我們姐弟倆都是「斜門外道」的朋友一堆，可我媽媽對待每一個我們的朋友都客客氣氣，管他是大明星還是小兄弟，所以我那些朋友多喜歡我媽媽呀！尤甚羨慕我跟我母親的關係，什麼玩笑話都能講，正經事兒也能商量，既親密又開放。

人山餐廳除了我媽和好姨兩個老闆娘外，還有阿綢我三舅媽；阿綢十六歲從田中上來我家幫傭，一直帶我長到七歲，因為乖巧，我媽便將她介紹給我三舅，不幸的是我這酒鬼三舅婚後沒幾年就肝硬化一命嗚呼去也，彼時他的女兒才幾個月大。後來阿綢在中和賣花生湯紅豆湯，二十歲的我在中正橋學開車時，一次無意中走到她店裡，她一看到我什麼話都說不出來，只是哭

忽忽整個少女時代都在人山度過，愛唱歌的她經常抱把吉他，倚著吧台即興來上一曲。

個不停，不久我媽就把她接回餐廳住，帶著我的小表妹。

內外場風雲

大廚叫阿燕，好賭成性，簽六合彩簽到天昏地暗，當她一炒菜過油或過鹹，我媽就知道她又摃龜了，其他時還算穩健。

所以每逢六合彩開獎，我媽不忘警告她：「妳個臭阿燕，今天再炒得客人退菜，我就叫妳吃一斤的鹽，妳好膽給我試試看。」但我媽講這話時是笑嘻嘻的，大家包括阿燕自己也全都笑了。

廚房除了阿燕，還有陳媽、阿鳳和大鳳三人，外場小妹的流動率較大，較有印象的是二高：高美麗和高麗燕。

當時她們還是十信夜間部的學生，高美麗雖然年紀小，卻是我表阿姨，我媽淡海娘家的小表妹，這二高長相清新，嘴巴甜，禮貌周到，能記得客人的姓名和口味，頗得客人歡心。不過她們恃寵而驕，離開得很不愉快。另外還有阿芬、莉莉、大頭、秀卿、美滿、惠玲，來來去去，當然還有我。我從高中畢業後就在家裡打零工，直到二十二歲進年代以前，都是拿我媽的薪水。

好姨也是個交遊廣闊五湖四海的女人，常有朋友來找她。像上官靈鳳、陳麗麗、張美倫等老牌明星，總之人山總有一桌熱鬧滾滾的客人流水席。

而我媽什麼都好，就是不善理財，變成朋友的客人她就大方極了，不但沒看到錢，反而賠進了我家三棟房子。不過這筆爛帳也就不提了。

好姨跟高陽叔叔離婚後也退了股，於是當時正失業的我五舅便要求入股，我媽當然不會拒絕她這個么弟，於是又租下隔壁兩間打通，一下子餐廳擴充三倍大，座位將近一百個，中午十分鐘不到就坐得滿滿的，我們幾個打外場的還真得七手八腳耳聰目明才行。

五舅的女友青青，來自馬來西亞，大我兩歲，水蛇腰白鶴腳，成天濃妝豔抹飄來飄去跟個女鬼似的，儘管事情不怎麼會做，pose倒能擺得挺好。

自從五舅入股後，這個青青就以老闆娘自居，處處跟我媽奪權，而我媽媽對她家人向來是忍氣吞聲，但餐廳裡其他人，廚房的，外場的，豈是她一個二十幾歲的女孩指揮得動的？於是乎擦槍走火的情況日增。

終於有一天為了青青不知道說了什麼小話，我五舅怒氣沖沖地拿著菜刀上樓找我媽理論。

我一看我小舅抓了狂，二話不說，廚房操了兩把菜刀衝進三樓我媽房內。只見我媽正縮在床上發抖，哭得上氣不接下氣。而我小舅正兩眼噴火大聲咆哮，彷彿要殺人，並沒有注意到我的突然出現。

說時遲那時快，我一個箭步擋在我媽和小舅中間，發狂似地大叫：「你給我閉嘴！你給我滾！」兩把刀已被我直直地架在他脖子上。

小舅瞿然噤聲，許是被我嚇傻了，等他回過神來一要開口，我便半真半假地大聲狂吼蓋過他的聲音。彼時我已在蘭陵，略通演戲本領，那些丹田吐氣、刀馬旦的功夫可是如假包換。

我媽則是呼天搶地：「女兒啊不要衝動做錯事啊！」

這一喊更壯了我的氣勢，我直登登瞪著小舅惡狠狠地說：「媽隔壁咧都要殺人了還管他錯不錯……」我小舅當場就萎了一半，鼻子摸摸乖乖下樓去。

日後我們娘兒倆每聊起這段往事樂不可支不待說，甚且還客氣地互相推讓：她說我恰北北，我說她恰北北，母女倆爭半天……

最後她宣布：「我雖然恰，可是我恰得比較可愛。」

（原文刊載於中華民國九十七年三月四日中國時報人間副刊）

就是沒那個命

忽忽◎文

隨著人山餐廳走入歷史，忽忽度過她人生中最顛簸困頓的一段日子，家裡破產、母親失蹤、父親中風、餐廳停擺，連愛情也走入一條死巷子。

不過這一切並沒有困住她，她用生動的文筆寫下那些在困頓中的日子，有淚亦有笑……

在異鄉過了幾年快樂而放縱的日子後，我終於領悟到自己完全不是一個徹底絕情的料，我仍舊有愛，不管是愛人或是被愛的需要，於是我回家了。

那幾年是我人生中最顛簸困頓的歲月吧！家裡破產，母親一度失蹤，父親中風，餐廳停擺，老實說從小到大，我除了大小姐之外，也沒做過什麼好角色，我心想趁著青春的尾巴，睜隻眼閉隻眼找張長期飯票算了！至少可以讓我的家庭不再破碎，讓我的父母得以頤養天年……

回台灣之前，身邊有幾個追求者，我選了最老實最平凡卻最有錢的一個，重點是，他在台灣的老家有一百多坪而且沒有人住，光衝著這一點，我想，最起碼可以安頓我的家人吧！

誰知人算不如天算，我就是沒那個命！

男人原本在美國的事業有成，在我回台的同時，他亦雄心勃勃地遠赴大陸投資，哪個曉得這一去就羊入虎口了。那三年他只回台過三次，脾氣一次比一次壞，我後來才恍悟是投資失利的關係。有一次是趙少康和陳水扁選台北市長那年，我們正要去趙少康的場子聽政見發表，我不過說了一句：趙和陳都是激烈的理想分子，他就不行了，當街跟我跳起腳來，一副要拚命的樣子。

我們氣沖沖地回到家，繼續吵，吵到後來他趕我，我悲從中來拉著我媽氣急敗壞地走出他的家，正好外面下起大雨，我媽嚎啕大哭，說她對不起我，說都是她不擅理財，使好好一個家弄到這種地步。望著自責不已狼狽不堪的母親，我亦哭得唏哩嘩啦，怎麼辦呢？日子還得過下去啊！我只得忍氣吞聲再回到寄人籬下的日子裡。

那幾年慧雨稱得上是我的心靈止痛丹，只要一想不開我就約她喝咖啡，拿著我的命盤，那個壞脾氣的男人和其他舊愛新歡的命盤，陽武陰同祿權科忌一陣亂飛，我心想我已經不要愛情了，甚至我都可以盡最大的努力說服自己做個賢妻良母，這樣的讓步還不夠徹底嗎？

命運你到底要我怎麼樣呢？

根據慧雨的說法，我的命就三個字：苦半生。她還說我這一輩子只有結婚才是出路，而且要「媒妁之言，閃電結婚」。我記得小時候高陽也這麼告訴過我媽，媒妁之言?!好唄媒就媒吧。於是我的親朋好友就開始幫我物色對象了，總計我相過親的對象有：珠海聖誕燈飾工廠老闆、省議員的兒子、報社編輯、商會會長、竹科工程師，還有一個少將退伍的叔叔等，有朝一日我若能寫出那些故事來，縱然達不到契訶夫的境界，也絕對是一齣齣豈可乎豈可不乎的警世劇。那些個過程之荒謬之哭笑不得。總而言之在第八個相親對象出現前，我再也受不了啦！

我跟慧雨央求道：「我看我這輩子別嫁了吧，跟妳好好學面相斗數，起碼將來能混口飯吃，好不好？」慧雨知道我有點根器，又看我命盤中確實有太陰文曲同宮（術士命格），也就收了我這個徒弟。打那時候起，我的朋友都成了我的免費實習對象。

看過我文章的朋友大都知道，我待過的行業多到手腳指數不完：廣告公司、電視公司、雜誌、唱片、劇場、廣播、配音、飯店、畫廊……，認識的朋友也還真不少，當年李立群才認識我的第二天就叫我「梅花」，因為有土地就有她，可惜後來印證的卻是下一句：越冷，她越開花！這是閒話，不多說了，還是轉回算命吧！算我自己的命，算我朋友的命。

那年我在李壽全的唱片公司當企畫，做的是王力宏的第一張唱片「情敵貝多芬」。我把力宏的照片拿給慧雨看，並問她這人會不會紅？

「一定紅！」慧雨說：「還會紅透半邊天！不過要讓李壽全多簽幾年，照力宏的面相來看他這一、兩年是紅不了的。」我如實告訴了壽全，卻被壽全說一頓，壽全是個實心人，他很容易相信別人，那時力宏的母親給他的感覺就是super nice，什麼事情都沒問題，但是兩年之後，力宏並沒有跟壽全續約。

諸如此類的例子不勝枚舉，但為什麼要舉這個例子呢？我要說的重點是：言者諄諄，聽者藐藐。

人山上好菜

一百歲的白菜滷
吃完吮指回味的避風塘炒蝦
梅乾扣肉豐饒濃香
糖醋鮭魚紅潤亮澤
文火慢燉番茄牛腩
豆乾肉絲永遠催人多加一碗飯……

這些來自人山菜單上的口碑菜餚，
因為老客人口耳相傳，被一直記憶下來。

豆乾肉絲。鯧魚麵。糖醋鮭魚。糖醋筍片魷魚。

避風塘炒蝦。五味花枝。梅乾扣肉。

番茄牛腩。三絲牛肚。白菜滷。

人山上好菜

超級大明星

豆乾肉絲是人山的超級大明星，噴香惹味，有了它，不知不覺多吃一碗飯。

當年人山餐廳有好多道膾炙人口的招牌菜，論起人氣，豆乾肉絲當仁不讓，它像不會老的超級大明星，縱然在餐廳結束營業多年之後，老客人一聊起人山的招牌菜，還是情不自禁提起它。

「好愛吃人山的豆乾肉絲啊。」含蓄一點的客人，把這道菜留在記憶裡，偶爾拿出來回味。

「人山的豆乾肉絲是我吃過最好吃的豆乾肉絲！」比較熱情的客人，每次見到我就抓著我的手，訴說自己對這道菜的喜愛，記憶裡的豆乾肉絲閃閃發光，泛著香氣。

「林媽媽，妳的豆乾肉絲怎麼炒出來的？豆乾這麼嫩？肉絲這麼滑？」愛追根究柢的客人，追著我問食譜。

其實我沒有什麼特別「撇步」，只有一些小小技巧，其中最關鍵在豆乾的前處理，豆乾下鍋之前要先泡冷水，起碼半小時以上，一方面去掉豆腥味，另一方面讓豆乾吸飽水分，炒出來的豆乾才會特別軟嫩。此外，豆乾要切得細，才能讓這道家常菜吃出精緻感。

還有，豆乾吃油，炒這道菜千萬別客氣，油要多下些，猛火快炒，逼出醬油融合豆乾肉絲的香氣，趁熱盛盤，鍋氣盡在其中。

豆乾肉絲（8人份）

材料

- 肉絲225公克
- 芹菜300公克
- 辣椒4條
- 豆乾600公克

調味料＆醃料

- 醬油2大匙
- 太白粉適量

備料

1 豆乾橫切為3片，再縱切成絲，放在冷水裡泡1小時。
2 肉絲用適量太白粉和水抓拌一下。
3 芹菜切段。
4 紅辣椒去籽，切細絲。

烹飪

1 起油鍋（油可以略多一些），先炒肉絲到半熟，放下泡過水的豆乾（水要瀝乾），加入醬油，見到豆乾膨脹，下紅辣椒絲和芹菜，拌炒到熟，香氣透出就可以起鍋。
2 如果見鍋裡的湯汁多的話，起鍋前可以勾少許薄芡。

人山上好菜

鯧魚麵

對於味道，我的記憶一向準確，這一點應該可以算是我的強項。

鯧魚麵是我曾經在館子裡吃過的一道菜，回家後念念不忘，就憑著記憶摸索試做，沒想到「首做」就有八九分神似，開餐廳之後，我把鯧魚麵放在菜單上，客人們都很捧場，很快變成店裡的熱銷菜。

這道菜的重點在醬汁，烏醋、砂糖和醬油勾勒出白鯧的鹹鮮，吃完魚肉，順手將醬汁拌入麵條裡，味淡素寡的白麵條吃了醬汁，像擦上胭脂、點了紅唇的女人，突然有了光彩。

鯧魚麵

材料

- 白鯧1條（1斤以上）
- 關廟麵（或白麵、陽春麵）1把
- 太白粉適量

醬汁

- 大蒜3瓣（切末）
- 醬油2湯匙
- 烏醋1.5湯匙
- 二砂糖5湯匙
- 水90cc，調拌均勻成醬汁

烹飪

1. 鯧魚切片，拍一層薄薄的太白粉，下油鍋煎至7分熟，倒入醬汁，待醬汁滾起，先把白鯧移到盤子裡備用。
2. 另取一個湯鍋將水燒開，放下麵條，待麵條煮熟後，撈起麵條排在盤中，再將燒好的白鯧放在麵上。
3. 煮麵的同時，讓燒魚剩下的醬汁在鍋裡繼續加熱，並加入少許太白粉讓醬汁收濃，最後將醬汁均勻淋在魚和麵上，拌勻食用。

人山上好菜

糖醋鮭魚

兒子唸立人小學的時候，有一位同學的媽媽很會做糖醋里肌，兒子吃過之後，回來把滋味形容給我聽，我照著他的描述捉摸著試做，兒子一吃竟然說：「就是這個味兒！」

後來我將糖醋里肌的醬汁改用來燒鮭魚，鮭魚肉的味道較重，這個醬汁正好能襯得起來。

開了人山之後，糖醋鮭魚變成餐廳的私房菜色。平日雖未排在例行菜單上，但有熟客上門經常指名要吃，搶手程度更勝糖醋里肌。

材料

- 鮭魚2片
- 太白粉適量

醬汁

- 醬油2湯匙
- 二砂糖1.5湯匙
- 烏醋1.5湯匙
- 水少許，調拌均勻成醬汁

烹飪

1 用紙巾將鮭魚身上的水分擦乾，拍一層薄薄的太白粉。

2 在平煎鍋裡放少許油，待油熱了，放下鮭魚煎至7分熟，倒入醬汁，燒到魚快熟時將魚先盛出，剩下的醬汁再收濃一下，淋在魚身上即可上桌。

人山上好菜

糖醋筍片魷魚

藉糖醋來開胃的家常菜，永遠是餐廳菜單上不敗的選項，無論用糖醋味來燒肉、燒海鮮，還是燒魚，大人、小孩、男人、女人全部捧場。

材料

- 綠竹筍2支
- 木耳2朵
- 香菇4朵
- 小卷半斤
- 蔥段3支（蔥白多蔥綠少）

備料

1 綠竹筍連殼先煮熟，浸泡直到水冷之後，取出去殼切片。
2 蔥切小段，木耳切小片。
3 香菇泡水，軟化後對半切開。
4 小卷切片，開花刀。

調味料

- 醬油2湯匙
- 烏醋1.5湯匙
- 糖半茶匙

烹飪

1 蔥段先爆香，到微微焦黃，倒下筍片、香菇、木耳拌炒一下，倒下調味料和約100cc的清水，兜炒均勻。
2 放下小卷，燜一下，等湯汁滾開翻炒一下，就可以起鍋。

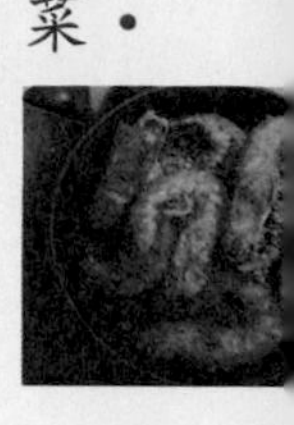

避風塘炒蝦上桌，再乾一杯！

避風塘炒蝦是吃飯下酒的菜，也是考驗耐心和火功的菜。

開餐廳之後我經常跟朋友開玩笑：「想害一個人，就鼓勵他去開餐廳。」

因為開一間餐廳要煩要操心的事著實太多，受不了煩、耐不著操，最好丟掉不切實際的餐廳夢。

當年我糊裡糊塗開了餐廳，店門既然已經開了，只好認真經營下去，除了把菜做好，定期開發新菜色也是重要工作。尤其後來人山擴大營業之後，宴席生意做得多，客人們酒酣耳熱之際，都想再來幾道下酒菜，應很多客人的一再要求，有一段時間我致力於開發下酒菜，經常尋味坊間各大餐廳，避風塘炒蝦就是師法避風塘炒蟹變化而來的一道招牌菜。

避風塘炒蟹是從香港流行到台灣的船家菜，它發跡於九龍避風塘港灣，早年食客們在雕樑畫棟的船舫上吃著香酥好味的炒蟹，後來隨著避風塘的水上食肆陸續關門，充滿蒜香的螃蟹上岸了，街坊小巷各大餐廳也開始賣起這道下酒菜。民國七〇年代後，到台灣發展的港廚越來越多，避風塘蟹又跟隨港廚腳步跨海來到台灣。

我試過多家的避風塘蟹，每一家各有所長，這道菜的兩大主角，一是螃蟹，一是蒜酥。螃蟹要新鮮、肉質飽實自不待言，更重要的是蒜酥，不同大廚各有不同祕訣。蒜酥可以說是這道菜的靈魂，要把薄切的蒜片炸得夠香，卻不油膩，完全考驗掌廚者的炸功。

為了炸好蒜片，我曾經守在油鍋前一遍又遍試炸，一開始火不宜太大，萬一油溫一下拉得太高，蒜片很快就焦黑泛苦。但油溫也不宜一直太低，因為這樣炸出來的蒜片容易吸收過多油脂，吃了很容易發膩，失去這道菜該有的香酥口感。

成功炸出蒜片之後，我把港廚慣用的螃蟹改為帶殼的白蝦，一樣在油鍋裡炸過，逼出甲殼素的香氣和顏色，再和蒜酥一起盛盤。這道避風塘蝦上桌，香氣足，味道夠，吃完吮指回味。很多客人點了它，忍不住又多乾了好幾杯呢！

避風塘蝦上桌，香氣足，味道夠，吃完吮指回味。

避風塘炒蝦

材料

- 白蝦12隻
- 蒜酥
- 地瓜粉少許

炸蒜酥

- 大蒜不要清洗，直接切粗末。
- 起油鍋，油溫約攝氏130～140度時放下蒜粗末，用鍋鏟輕輕推動，避免巴鍋外，也可以讓蒜受溫均勻，看到蒜酥即將變色，就用漏勺舀起，瀝乾油，也可以把炸好的蒜酥放在吸油紙上，吸掉過多的油脂。

烹飪

1 白蝦剪去眼睛和尾巴，拍上薄薄一層地瓜粉，下油鍋炸到5分熟時，轉大火加熱油溫炸熟，起鍋前提高油溫，可以逼出蝦殼內含的多餘油分，同時搶酥。

2 另外準備一只乾鍋，放下濾油後的蒜酥、胡椒和鹽巴，以中小火拌炒均勻。

3 將炸好的蝦整齊排放盤中，均勻撒上蒜酥。

叮嚀

1 大蒜油炸前切記不要清洗，以免變味。

2 油炸蒜酥要專心，人不能離開鍋子，一不小心炸過頭，就要重新再來過。蒜片因為薄很容易炸焦，一般人在家可以切粗末。

3 在蝦殼外拍上薄薄一層地瓜粉，可以確保在油炸的過程中，蝦肉的水分不致散失太多，蝦肉吃來才會又甜又嫩。

4 炸蒜酥雖然花功夫，但一次炸好多分量，除了做避風塘蝦和避風塘蟹，也可以搭配炸排骨、炸花枝，畫龍點睛。有時候簡簡單單煮一碗白麵條，加一點醬油、烏醋輕拌，只要撒上蒜酥，平淡的滋味馬上不同。

人山上好菜

五味花枝

五味花枝是我小時候吃的家常菜，在「人山」擴大營業之後，需要新菜變化的時候，它從我的味覺記憶中甦醒並躍上菜單，從此變成一味熱賣菜。

材料

- 小卷或魷魚半斤
- 太白粉適量

五味醬

- 蒜頭4瓣
- 辣椒1支
- 醬油2湯匙
- 糖2茶匙
- 烏醋1湯匙

備料

1 蒜頭和辣椒分別切末，調和五味醬。

2 小卷切片。

烹飪

1 切好的小卷抓適量乾太白粉。

2 熱一小鍋炸油，放下小卷，熟了馬上起鍋。

叮嚀

小卷的鮮度和五味醬的調製決定了這道菜的成敗。除此之外，油炸小卷時切記掌握好起鍋時間，萬一不慎過火，將小卷炸老了，口感和鮮度都會打折扣。

人山上好菜

容不下一粒沙子

梅乾扣肉是公認的下飯菜榜首，這道菜成本不高，做來卻非常費工……

人山推客飯的時候，梅乾扣肉一直名列熱門點菜榜。梅乾菜是客家莊的特產，也是芥菜的多重利用製品，客家婦女先用新鮮的不結球芥菜醃漬成鹹菜，再把鹹菜層層填入玻璃瓶中，做成福菜。未封瓶的福菜如果再進一步經過日曬、風乾到水分盡失，幾近完全乾燥，捆成一札一札的，就是梅乾菜了。

講究的梅乾菜要經三蒸三曬，更考究的還有七蒸七曬的說法。梅菜是極吸油之物，一定要用夠肥潤的五花腩肉，才襯得起它久經陽光、北風凝煉的濃冽滋味。

梅乾菜的製程費事，燒製梅乾扣肉也一樣耗工，首先要把一札一札緊緊綑綁的梅菜鬆綁，在流動的水下一遍又一遍地沖洗，務必洗到塵沙全無。別小看這一道洗菜步驟，耗時費工可以長達兩、三小時。曾經，在廚房洗菜的歐巴桑洗到第十遍時忍不住告饒：「老闆娘，這樣夠乾淨了啦！」

我仍堅持要她再洗，直到水色變清，手摸上菜葉毫無沙粒為止，因為讓客人吃到任何一點沙粒，都會壞了食興。

這一點堅持，可以算是我的烹飪潔癖吧?!

梅乾菜洗完後，先在乾鍋裡用調味料炒香，五花肉也要同步煮好，切片，再把它們一起併扣在碗裡。為了增加這道菜的潤澤度，有時候我會加一些自煉的豬油進去，讓蒸扣出來的五花腩肉與梅乾菜更能相互交融，此時久經風霜的乾癟梅菜，入口已經完全不同，吸飽了油脂之後，乾菜化虛乾為潤澤，涵藏肉香，比五花肉更誘人。

梅乾扣肉的本錢不高，但實在太耗工又花時間，賣貴了客人有意見，太便宜又划不來，屬於較難定價的菜餚。不過我仍然願意在菜單上推出，因為它真是百搭菜色，配飯、拌麵、佐饅頭、帶便當，都好吃極了。我平素不愛吃饅頭，只要燒了梅乾扣肉，配著吃，可以嗑掉一整顆大白饅頭！

梅乾扣肉

材料

- 五花肉600公克
- 梅乾菜300公克
- 蒜頭5顆
- 豬油2湯匙

梅乾菜調味料

- 醬油2湯匙
- 二砂糖75公克
- 烏醋1湯匙

五花肉調味料

- 醬油2湯匙
- 糖2茶匙
- 白胡椒少許

烹飪

1. 梅乾菜用流動的水徹底沖洗乾淨，務必洗到沒有沙，擠去水分，切細備用。
2. 加入調味料拌勻醃30分鐘，再用乾鍋（不放油）焙炒到汁液收濃，梅乾菜呈現微微濕潤的狀態，趁熱拌入豬油拌勻。
3. 五花肉洗淨，在水中煮至7分熟，取出切成厚約0.5公分的肉片，用五花肉調味料煮20分鐘上色。
4. 取一個大碗，碗底和邊先鋪上五花肉片、再塞滿處理好的梅乾菜，排入蒸鍋蒸2.5小時，蒸好後，先將碗中的肉汁倒出備用，再把碗中的梅乾菜和肉反扣到盤中，淋上肉汁即完成。

叮嚀

梅乾扣肉的製程工序雖然麻煩，但一次做多量可以放在冰箱凍庫，隨時要吃，取出蒸透就可以食用。

人山上好菜

番茄牛腩

人山的午間套餐有幾樣主菜一直賣得嚇嚇叫，尤其融合東西特色的番茄燉牛腩，既可以澆在飯上做燴飯，也可以煮成牛肉麵。番茄的果酸和牛腩就是票房保證書。

材料

- 牛腩3斤
- 紅番茄3斤

備料

1 番茄洗淨，去蒂頭，切塊。
2 牛腩切塊，備用。

調味料

- 豆瓣醬3湯匙
- 醬油1湯匙
- 米酒1湯匙

烹飪

1 先放多量的油在炒鍋裡，將豆瓣醬和番茄炒香。
2 放下牛肉塊，並下醬油、酒，加水淹過材料，先以大火煮滾，再轉中小火續燉到牛肉熟軟，依個人喜歡的口感，約1.5到2小時。

叮嚀

除了單純的番茄牛腩滋味，也可以加入胡蘿蔔、馬鈴薯，煮成改良版的羅宋湯。

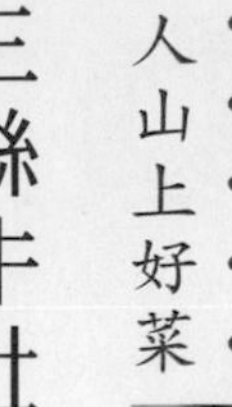

人山上好菜

三絲牛肚

快炒菜式永遠都有不敗的魅力，
三絲牛肚就是這樣一道充滿變化的快炒菜，
上菜速度快，賣相又漂亮。

材料

- 牛肚150公克
- 金針菇1把
- 筍1支
- 辣椒1支
- 大蒜2瓣
- 薑2片、蒜苗4支

備料

1 牛肚切絲。
2 筍去殼切絲。
3 薑、蒜切末；辣椒切絲。
4 蒜苗切絲。

調味料

- 醬油10cc
- 鹽適量

烹飪

起油鍋先下筍絲拌炒，接續放下薑蒜末、辣椒絲、牛肚絲、金針菇及醬油拌炒出香氣，臨起鍋前撒下蒜苗，炒拌均勻後試一下味道，若覺得不夠鹹，可酌加鹽巴調味，就可以盛盤起鍋。

人山上好菜

升級版白菜滷

加料的白菜滷，滋味格外豐美，是童年最美好的記憶。

我的娘家早年在台北迪化街經營南北雜貨，生意做得很好，家大業茂，父親打從生下來到他六十九歲辭世，沒有上過一天班，鎮日只知抽大煙。

俗話說慈母多敗兒，仔細想想確有幾分道理，因為我的阿嬤就是個非常能幹的女人，在阿公過世之後隻手撐起家業。我記得冬日裡她經常穿著一件滾毛邊的旗袍，在阿公還沒有辭世之前，夫妻倆經常挽著手到日本遊玩。

在那個生活困頓的年代，我們家的日子過得算是相當富裕的。每逢家裡拜拜，剩下一大條白切豬肉，阿媽就交代下人將之切成肉絲，再爆香蔥段，變出一大鍋白菜滷。

我們家的白菜滷跟外頭吃到的不太一樣，除了常見的肉絲、魚皮、香菇、白菜之外，阿媽喜歡為白菜滷加料，有時候是一大塊炸過的新鮮海鰻，

有時候是炸排骨，融入炸魚和排骨滋味的白菜滷，因為料足，滋味格外豐美。

那是我童年最美好的記憶，也是極少數我從娘家帶出來的手藝。

白菜滷

材料

- 鮸魚（或排骨）1塊
- 白菜1棵
- 蔥2支（每支切3段）
- 肉絲150公克
- 香菇5朵
- 魚皮適量

調味料

- 醬油1大匙
- 烏醋1大匙
- 二砂糖1茶匙
- 鹽適量

醃料

- 醬油
- 米酒
- 白胡椒
- 糖

備料

1 香菇泡冷水，變軟後取出切絲。
2 蔥切段，一支切成3段。
3 白菜剝開，充分洗淨，瀝乾水分切絲。
4 鮸魚用醬油、米酒、胡椒和糖醃20分鐘。
5 魚皮用滾水燙過備用。

烹飪

1 熱油鍋，先將鮸魚煎或炸熟，備用。
2 起油鍋，先放下蔥段爆香，爆到蔥段變黃，放下肉絲、香菇絲、白菜絲拌炒，加適量水，放下魚皮，一起燜煮到白菜快要軟了，下醬油、糖，續燜到所有材料軟熟入味。
3 臨起鍋前，先試一下味道，依個人喜好酌量加鹽調味，再淋入烏醋，並將炸好的鮸魚排放在白菜滷上，一滾就可以上桌。

叮嚀

你可以自選喜歡的食材為白菜滷加料升級，從鰻魚、鮸魚到排骨都可以，但切記都要先醃入味，再炸熟，上桌前才放在煮好的白菜滷上，越煮越好吃。

忽忽說菜

一百歲的白菜滷

忽忽◎文

因為編織進過去的榮光與頹敗，
一百歲的白菜滷吃在忽忽嘴裡，
味道濃郁幽遠而複雜。

白菜滷是我阿祖的菜。

阿祖是我媽媽的祖母，我的外曾祖母。

我對阿祖的印象依稀，只記得她那張好大好高的床，和當時已經因為糖尿病而半盲的她，粗糙如砂紙般的大手，來回摩擦著我幼嫩的臉。

阿祖是個很有威嚴及權勢的女人，外曾祖父英年早逝，留下獨子和偌大的家業，我阿祖一肩扛起——他們家在日據時代是開兵工廠的，不要說保守的當年，就連現在這麼開放的時代，我阿祖仍屬不折不扣女強人一個。

但凡女強人的背後總難免有些遺憾：例如早喪的夫婿，不成材的後生；阿祖溺愛的獨子——我的外公抽了大半輩子的鴉片，走私坐牢是家常便飯。

我第一次看見外公是在阿祖的喪禮上，一個高大憂鬱的男人，披麻戴孝，領著我的阿姨舅舅們，包括我媽媽，跪在棺木前演戲般搥胸頓足，嚎啕大哭。

其實我母親很像我阿祖。不但長相，連那種權威感，指揮別人做事的氣勢，都深得阿祖的真傳。

然而在我母親還沒出嫁之前，她可是怕極了阿祖，怕到連聽到阿祖咳嗽都要發抖，關於我媽媽從小身為家暴受虐兒的種種事跡，我略微寫過，但現在不提也罷了。我媽媽的不滿早就融入時間的無垠裡，如今每當她再提到阿祖時，總是懷念感激的成分居多，譬如這道滷白菜，她告訴我是阿祖的菜，是周家的祖傳菜，超過一百歲。

「一百歲？」我有點不太相信：「阿祖會下廚做菜？」

「阿祖才不用下廚做菜，我們家最好的時候有十六個查某甘仔（從小賣身的丫頭，像紅樓夢裡那些襲人哪晴雯的……），她是指揮人家做菜。」我媽媽微微感慨地說。

我邊吃著剛做好的滷白菜，邊編織著屬於我母親家族的榮光與頹敗，嘴裡的味道濃郁幽遠而複雜。

Part 2

忽忽味

宅配人山味

人山的結束，彷彿一台戲的謝幕，燈光熄滅了，觀眾紛紛離席，演員打包散去，舞台上的場景跟著不變。

我的家庭在人山結束之後，也跟著起了一些變化。由於背負龐大債務的關係，家裡的經濟不再像過去那麼優渥，兒女們陸續長大，先後離家。外子從報社退休之後，搬回老家武漢養老，有一段時間兒子一個人住在外面，女兒忽忽跟我住，後來要專注於劇本寫作的她搬到淡水，養了一屋子貓，忽忽宣布自己戀上淡水的小鎮風光和流浪貓。

至於我，又從一個忙碌的餐廳老闆娘變回家庭「煮」婦。直到有一天，忽忽打電話給我：「媽，妳來教我做菜好不好？」她熱情提議：「我們一起把人山的招牌菜放到網路上賣，改做宅配美食，妳覺得如何？」

做菜難不倒我，但宅配是什麼？我可一竅不通。不過聽到素來不愛下廚的女兒說想學做菜，我很開心。

忽忽從小愛提筆，寫起東西來振筆如飛，鍋鏟拿在手裡卻有如千斤重，我經常笑她是「手不動三寶」，這是我小時候台語用來形容懶惰的女人，不諳家事、女紅以及烹飪——三寶指的是鍋鏟、掃把、繡花針。從另一方面來說，手不動三寶的女人其實是好命的。誰料到素來跟「三寶」無緣的女兒，年過四十之後竟然主動要求學做菜?!

忽忽告訴我，到了某個年紀之後，她回過頭嘗試想把記憶裡最刻骨銘心的家庭故事寫成小說，其中人山的菜香和人情溫度是最鮮明的一頁。但寫了幾篇之後，那些自以為熟悉的味道，在腦海裡竟是這樣模糊。

「我以為我忘不了的味道，真的要變成文字時，下筆的手卻遲疑了……」

這一點刺激讓她決定捲起袖子認真下廚，希望透過扎實的學習，真真切切記住屬於媽媽的味道。

忽忽和我都是即知即行的行動派，她很快成立了名叫「忽忽味」的部落格，開始丟文章上去，把人山的味道化為文字。我則著手整理宅配菜單，在腦海裡把人山賣過的好菜一一過濾，再把適合宅配到家的菜餚羅列出來。

做宅配和餐廳不同，適合餐廳推出的菜，並不一定適合宅配，主要必須考慮到復熱的問題，我希望宅配到客人手中的菜，依然能保有該有的滋味，不因運送和復熱讓美味打折。在這種考量下，冷盤類像燻魚、醉雞、辣椒鑲肉，以及冷食熱吃皆宜的油燜筍、雪菜筍絲、酸江豆肉末、醋溜薯絲、酸菜毛豆筍丁、去骨豬腳、滷牛腱都很討巧。

熱菜部分則多半選即使反覆加熱也不影響味道的菜餚，像是滷白菜、獅子頭、五更腸旺、梅乾扣肉。除此之外，人山的口碑菜餚也要列上幾道，豆乾肉絲、豆瓣魚、麻婆豆腐、回鍋肉、麻辣火鍋、三杯雞因此出線，榮登宅配菜單。

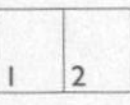

1 十分下飯的回鍋肉。
2 可以冷凍保存的滷牛腱。
3 冷食比熱吃更美味的辣椒鑲肉。

豐盛的菜餚承載了愛的記憶，
刻骨銘心的的家庭故事，
就藏在這些菜香和滋味裡。

母女鬥嘴聯盟

年輕時候的我愛算命，忽忽耳濡目染也迷上命相學，但她比我還厲害，她不只算命，更腳踏實地去學，陸續學過紫微斗數、手面相，對於塔羅牌和西洋星座也有涉獵。她曾經告訴我：「媽，我們都是火象星座的人，脾氣藏不住，您就別怪我老愛頂嘴！」

據她說，我是半人半馬像箭一樣的射手座，她是好面子自尊心特別強的獅子座，我們母女倆做起事來行動力十足，拌起嘴來也毫不遜色，針鋒相對，誰也不肯讓誰。

我們合作宅配事業，她主外，我主內，她在網路上接單收錢、po文與網友互動，負責宣傳客服和業務。我在家負責處理她接下的訂單，開始採買、洗、切、料理，在出貨期限內把菜如期宅配出去。

彼時，她住城市北端的淡水，我住南端的安坑，一條淡水新店線（當時新店淡水捷運還沒有拆開分駛）連接兩端，每星期忽忽從淡水坐捷運再轉公車，到家裡幫忙出貨。我和助手阿香做好菜之後先放冷，再裝入袋裡。忽忽

從接單、採買、配菜、料理，到裝箱出貨，一條龍的宅配事業，環環相扣，中間出了任何差池都會影響出貨。
圖片提供／林媽媽的忽忽味

對著訂單一袋一袋裝入紙箱，當時我們一星期出貨兩趟，出貨當天，客廳飯廳排滿大大小小的紙箱。

忽忽做事認真，但我們合作稍久，母女倆就免不了有擦槍走火的時候，放下筆桿拿鍋鏟的女兒，碰到在廚房唯我獨尊的媽媽，誰也不服誰。忽忽會建議我菜怎麼做客人才喜歡，我眼也不眨覺得那叫外行領導內行，氣得她好幾次摔單：「吼，妳真是一個講不通的人耶！」

我看她打包不順，提出意見，她也不認同，吵得兇了，她工作完回頭摔門就走。兩小時之後，又從淡水打電話回來向我道歉。

忽忽脾氣火爆，但她氣勢不夠，沒有我兇，不過我知道最主要是她心軟，就像她老掛念淡水那些街貓，把自己不多的收入都花在買飼料和醫療費上，自己身上卻老穿著舊衣褲。怕老媽媽手邊沒錢花，決定放棄自己的作家夢，一腳跳進並不熟悉的宅配事業。

刀子口下一顆豆腐心，這就是我的女兒——忽忽！

我媽媽

忽忽◎文

忽忽說她叛逆的性格其實是她媽媽和爸爸的加強版。但是媽媽的愛讓她漂泊的心一直有個安全的港灣，隨時可以找到回家的路。

她對母親的愛既深又廣，雖然母女兩人時常拌嘴，但媽媽既像女兒又像她的守護神，看似沒大沒小母女相處，其實藏著最深最濃的母女情。

我媽的老家在艋舺開雜貨店，算是富甲一方。因為外公喜歡抽鴉片，所以大家都叫他鴉片泉。鴉片泉外公長期在上海做生意，所以我媽在上海出生長大，一直到九歲才回到台灣。

台灣是她祖母當家，非常討厭她桀驁不馴的性格，而且居然一句台語都不會講。她有九個兄弟姊妹，她老五，卡在中間。之前她在上海家中有三個佣人，頤指氣使的，回到台灣，突然命運大筆一揮，被改寫成張愛玲筆下可憐受氣的小丫頭，再加上我外婆死得早，她在家裡根本是孤立無援受盡白

1 年輕時候的忽媽。

2 忽忽小時候和媽媽合影。

眼，可想而知這個霞飛路來的大小姐心裡有多麼怨懟不平。

我叛逆的性格其實是她和我爸的加強版。所以她從來不怪我，她讓我漂泊的心一直有個安全的港灣，我隨時可以回家。

我媽是我爸的讀者，我不知道她有沒有寫那種熱情的讀者信給我爸，她怎麼都不肯說。但我知道他們的邂逅完全不是羅曼蒂克那一套，即使對著子女，我媽亦老實承認，她之所以會嫁給我爸半是衝動半是賭氣。

當初圍繞在她身邊的那些本省男性，都出身大家庭，勢利眼得很。所以她選了一個外省女婿，上無公婆下無兄弟姊妹，省了麻煩，也封住了所有人，包括她祖母的嘴巴。我父親那年剛得中山文藝獎，又是中華日報副刊主編，很有一點社會地位。從此以後，她的兄弟姊妹見了她總是哈巴狗似地畢恭畢敬。

甜美恰查某

母親年輕時長相甜美，卻是個如假包換的恰查某，想來是因為從小被欺負怕了，所以格外地敏感，防禦性和自尊心特強。當年她回台灣第一次吃到枝丫冰時，因為看它直冒煙，所以撮口猛吹，她的兄姊便嘲笑她：「丫山聳！」是故好長一段時間，「丫山聳」就成了她的小名。

在人生最低潮最灰暗的時候，母親的愛，永遠是讓我第二天睜開眼繼續的理由。當年家中發生遽變，我們連住的地方都沒有。不得已我把老病的父親安置在林森北路的一間小公寓內，而我和母親，則借住朋友破舊的房子。

有一次我爸又大發脾氣，說我們要遺棄他任他自生自滅，在父親的門外，我們母女倆抱頭痛哭，自此後我就發誓，要一輩子跟她好好地講話，好好地愛她，陪她，瞭解她。

她的朋友我的朋友都非常羨慕我們母女倆的關係，我跟母親都是非常直接的人，就算意見相左，也是就事論事後馬上事過境遷，因為我媽很怕人囉嗦，所以她從來不囉嗦。以前我爸每次要跟她說什麼事，她聽得不耐煩就忍不住喊CUT，「說重點！」她還跟我爸這樣說。氣得我爸吹鬍子瞪眼，拚命說：「唯女子與小人難養也。」當然那個小人就是我。

前幾年有一次，跟她在外面喝咖啡時，她盯著我的臉半天（我以為發生什麼事了）突然冒出一句：「妳出門洗臉了沒有？」真是啼笑皆非啊。跟她出門我連睫毛都得一根一根仔細刷呢！於是我鄭重警告她，再也不可以發出如此令人難笑的問題。

其實我知道在她眼裡，我永遠只有十歲。直到現在我弟弟，甚至我小姪子都會吃味，覺得她太偏心我了。

我媽讓我和弟弟從小在物質生活上就很自在，二十歲的時候她送我一輛車，第一天我就把車門撞凹了一個大洞，剛好來餐廳找爸爸的司馬中原目睹這一幕，頭搖得跟什麼似的，前兩年還跟我提，說我媽簡直把我寵壞了。

我只是笑笑沒說話，心想：你還不是一樣！

但她不是溺愛，她其實教過我很多東西：尊敬長輩、同情弱小、不爭

功、不要亂發脾氣罵人……實用的包括釘棉被、打毛衣，做湯圓、月餅，打四色牌等，這些現在講來令人都無法想像的活兒。

一次在君家吃飯，吃完飯她們家的菲傭收拾好在洗碗，我們在餐桌上喝咖啡，怎麼看我就是覺得那桌子不順眼，於是擰了塊抹布重新擦了幾下，馬上桌上那層霧霧的表面沒有了，螞蟻都可以跳霹靂舞。君目瞪口呆看著我，要我再示範一次給她的菲傭看。

後來她跟我說，她根本無法想像我竟然是會做家事的人。

常常我跟母親講話沒大沒小的，逗得她又好氣又好笑，反問我：「喂！我是媽媽妳是媽媽？」

我說：「妳要叫我媽媽也可以啊！」

她就真的叫我媽。她說：「媽！把妳的錢都給我……」

不久前媽媽跟她的媳婦生悶氣，我便要她來淡水散散心，幫她買燒酒螺、彈珠汽水，看她那種開心的模樣，我還真覺得她是我的女兒。

其實那種沒大沒小的口氣，是我跟她之間一種極特殊極親暱的方式，我只怕不能讓她開心多一點，怎麼可能對她不禮貌，甚至傷她的心呢？而就像所有母親對女兒的擔心，她仍然希望我有一個好的歸宿，仍然覺得寫作是一條危險的路。

「寫東西的都是妄想狂。」有一次她甚至這麼說。

舌戰母老虎

前年陪我媽媽做年菜，順便聽她說些大雜院、中華日報的老故事。雖然她說過好幾次了，可我仍然聽得津津有味：院子裡有一個排字工人的老婆渾號「母老虎」，聽說她高頭大馬而且三字經成串，所有人都怕她極了。想不到我媽第一次跟她交手就把人家「卡叉」給結束掉。她居然罵人家：「看什麼看沒看過啊？講話大舌頭，又不會講國語，又沒有我漂亮，妳還好意思兇？」據說母老虎聽傻了，愣愣地站在原地也不知回嘴，往後老遠看到我媽媽就繞道而行。

還有一次我爸跟報社的主筆吵架，吵了兩天還沒吵出個頭緒，所有人都來勸了，鬧得沸沸揚揚。我媽氣起來，跑到報社衝進會議室，一群人正在開會呢！她也不管三七二十一指著那個姓林的主筆鼻子就開罵道：「怎麼啦？酒醒了沒？說不清楚是不是？那我來幫你補充好不好？事情的經過就是：前天晚上你喝醉了，在我家打牌的時候摸唐瑛的大腿，唐瑛罵你，你還死皮賴

臉地纏著人家，我先生叫你不要鬧，你不聽反而鬧得更兇，所以大家吵起來，我先生是打了你兩拳，又怎麼樣呢？你把我女兒嚇得哭一晚上你知不知道？」

不拉不拉一串連珠砲，末了她還說：「我的話你聽懂了嗎？聽不懂沒關係，我弟弟馬上到！」

我插嘴問：「舅舅那時候在混嗎？」

我媽愣了一下：「沒有啊！」

「那妳說弟弟馬上就到——擺唬爛啊？」

我媽有點不好意思地笑了，趕緊又補充：「可是我有一個好處，我從不罵髒話。」

「對不起，那我贏妳，」我得意地說：「我不但很會罵髒話，還會用五種不同的語言罵，哈哈，怕了吧！」我媽搖搖頭，走了。

吳興街時代，常有作者跑來我家送禮，兩隻老母雞啊！一盒蘋果啊！往往我爸爸會留人家下來吃飯，我和弟弟就在廚房的一角玩耍，邊看著母親做飯。等那送禮的作者走後，我媽把禮物收起來，跟我爸說：「稿子登出來以後把禮物退給人家吧！我看他那鞋都開了口……」我則一旁生著悶氣，氣我

媽不近人情，那粉紅色的大蘋果多漂亮啊！長大後我才恍然大悟，原來她才是最懂人情世故的。

是媽媽也是女兒

我對我母親的長成非常有興趣，儘管她說的不多，總是要我一句一句的問她才肯說，而且是這幾年才說得比較多。只有一件事她會說個不停並越說越來氣，就是她的兄姊欺負她的記憶：我那五個舅舅中，最衝動跋扈的就是我大舅，蠻起來會打我外公和底下八個弟妹，只有我媽媽敢反抗他。

還記得一個大年初二，媽媽帶我們回迪化街給外公拜年，不曉得大舅又發了什麼脾氣，滿口三字經就跟我外公幹開了，我媽一句話不說衝進去一個痰盂就飛到我大舅頭上，嚇得我縮在牆角半天不敢出聲，心想真糟糕！大舅的紅包還沒拿呢！

後來外公就住到了我們家，每天在我小學的後門口接我放學，我很少開口跟他說話，小時我挺沉默，多半是因為害羞。不過我很喜歡我外公，他是開朗的老人，大概鴉片抽多了，人也HIGH HIGH的，總是笑嘻嘻。鴉片梟外公一輩子沒賺過什麼錢，倒是抽鴉片抽掉了大半個家。往生後的分遺產，吵吵鬧鬧好久，我媽媽只拿了一隻外祖母的翡翠鐲子，只可惜傳到我手上沒兩年就被我砸爛了。

我媽最喜歡的事就是我們姊弟倆陪她打十三張老麻將，邊鬥著嘴，還有一個我弟老婆，她也蠻會耍寶，只要我媽碰她的牌，我弟妹就慘叫：「哀唷，歐巴桑妳是兜尾來A？那A加厲害……」

我弟更壞，他別人不胡，就胡我媽，胡了還要手舞足蹈地唱歌：「林老太太放了砲，伊呀伊呀喲……」

我媽每次幾乎從頭笑到尾，其實她根本不在乎打牌，只是想跟我們搞三八笑鬧一下而已。

前年媽媽的輕微中風把我和弟嚇壞了，我也可以感覺到她的害怕，經過父親的死亡，我更害怕即將到來的，我並不害怕自己的，也許因為我有過幾次跟死亡貼近擦身而過的經驗，那種早熟的，厭世的寂寞，早決定了我與世界的距離。唯一能讓我的靈魂像只破裂的缸不斷漏水的就是對親人的愛，那毫不保留的愛，然而奇妙的是，經過這些破裂，卻令靈魂的版圖，更完整。

當然我知道悲歡離合都是人生的必修，再狂暴悲痛的情緒，都是一條山迴水轉的路，路只會無限伸延，不斷變遷而靈魂永不消失，生老病死只是肉體的規則，我極力擺脫規則的方式，就是消失在規則裡，逃出肉體的窄門，物質的思考層面，以某一種邏輯看來，彷彿是因果的。

那次陪她等門診的時候，母親突然悲從中來，眼眶一紅，淚珠滾滾落了下來。我好難過啊！但沒敢哭，只是不斷地安慰她，哄小孩似的。終於她放聲哭出來，哇……哇……哇……傷心得真像個小孩。

我看了又心疼又好笑，覺得老太太能這樣放聲大哭也挺好的。於是我很自然地緊握住她肥墩墩的手；好久沒有好好握住母親的手了，握住她手的那一瞬間，我泫然欲泣但極力忍住，那一刻我彷彿真的變成了她的母親。忽然腦海裡就浮出一個從來不曾被我記憶歸檔的小故事：當我還是小娃娃的時候，母親牽著我的手上公園玩耍，路上碰到了一個尼姑跟她化緣，我媽媽給了她一張紅色的鈔票（到底是多少錢，當時的我無法分辨），尼姑看看我又看看我媽，便用台語跟她說：「這個小孩九歲有個生死關，這世人妳是來報她頂世人的恩，妳要好好帶她，她的命全靠妳了。」

當時我太小，不但聽不懂也根本不記得，而九歲的那一年，閏七月，我果真連闖了兩次鬼門關，若不是我媽，真的早就莎喲那拉古得拜了，也就沒機會在這兒跟你囉哩巴嗦話當年了。

部落格上的忽忽味

打包酸甜苦辣

忽忽◎文

創業維艱，宅配事業無論生意好壞，都有諸多不為人知的辛苦，
打包送貨揮鏟造成的職業傷害不少，
諸如腰瘦背痛、肌肉拉傷、坐骨神經壓迫都是常事。

忽忽在她的blog中寫下了這些創業過程中的酸甜苦辣……

七月醉雞

昨晚接到網友小可一封溫柔善良又小心翼翼的e-mail，問我忽忽味是不是不做了？要不怎麼有開課的計畫？

敬答小可：十分謝謝關心，但是忽忽味還做啊！事實上我現在正在新店出菜哩——接了一個八十人左右的下午茶——吾友耿瑜策畫的「七月TOFU派對」台片新高潮——夏日記者會，我媽做了些不在菜單裡的菜：醉雞、腐皮香菇筍片，都超適合炎炎夏日當涼菜吃。

最近因為身體欠安，再加上端午那個粽子節真把我和我媽累爆了，心想默默做也好，一個禮拜做幾張訂單出一天菜，我媽和阿香完全可以搞定，我只消打個電話告訴我媽訂單就好，還是有時間寫東西，做我喜歡做的事……

而這個月最喜歡的事，莫過於昏睡昏睡再昏睡了，睡醒吃個冷盤醉雞配杯冰鎮枸杞紅棗茶，齁齁~超正點！

明天要去幫耿瑜的忙，會看到很多新一代的電影人，很興奮。

忽媽上壹週刊

本人要更好看的忽媽媽上壹週刊了，我還不知道是這期呢！忽媽媽打電話來抱怨說她笑得臉僵僵。

下午有電話打來說：「老闆，妳們還有賣什麼菜來說一下。」我邊打包著麻辣鍋邊給他說了好幾下。

一天下來類似的電話我接了五個，都超有趣，跟blog上的朋友很不一樣。壹週刊果然無遠弗屆……

連兩個禮拜我跟忽媽媽去看了神經外科，我的坐骨神經有點被壓迫到，所以醫生強烈建議我暫時不要提重物。

是啊是啊！我也有點著急。畢竟我也還想有著好手寫幾篇好小說呢！

因此不得已我必須限制一下面交的重量：凡有麻辣鍋底或二十個粽子以上恕無面交服務。請見諒！

又：忽媽媽說她好胖，叫我不要po她的照片。開玩笑哪可能放過呢！

燒肉粽啊燒肉粽

童年時穿梭在巷弄間的叫賣聲，至今仍偶爾縈迴夢裡：豆花、豬血糕、五香茶葉蛋，當然還有燒肉粽。

我還記得賣燒肉粽的是個細瘦的中年男人，乾癟的叫聲總是在午夜響起：「燒……肉粽……」尾音拖得老長，和電視上唱「燒肉粽」的郭金發渾厚磁性的嗓音非常不同。

我們從來沒跟他買過，所以也不知道他的燒肉粽到底好不好吃，倒是一聽到他的叫聲，就警覺到該趕緊睡了，再不睡明早上學就要遲到了。

我媽包的是北部粽，和南部粽最大的不同是後者是用煮的，口感黏糊，而我家的北部粽是先蒸好米（花蓮關山圓糯米），再將炸好的紅蔥頭絲（立刻香味撲鼻啊）、紅燒肉滷汁，與滷好的香菇絲、五花肉絲等料，放進米中均勻攪拌，跟著包進鴨蛋黃、肥瘦各半的紅燒肉、滷好的栗子及大朵香菇，最後拿去蒸。

一般北部綜的米都是用炒的，之前媽媽也這麼做，卻一直覺得油了點，所以這兩年都是用攪拌的，既能鎖住香味又可降低熱量——我媽對食物的要

求，並不會因為她四、五十年來的做菜老經驗，而躊躇滿志稍有懈怠，相反的，她那精益求精的修正研發精神，有時連我都嫌她煩，每一道菜都要反覆嚐、反覆試、反覆比較，包粽子的這陣子，我恐怕吃了沒有一百，也有五十顆粽子了吧！只希望不要某天早上醒過來站在鏡子前，卻發現哇靠怎麼一個king size的肉粽站在對面。

不過也沒誰強迫我吃，是我自己愛吃，我們家的粽子在蒸的時候就已經香味四溢了，這點我挺驕傲的。之前去南門市場買了兩家頗負盛名的X園和X興來作比較，無論在內容或食材上，我都覺得我們勝出太多，當然忽忽賣粽總是自賣自誇，然而撇開那些主觀因素，光就包粽子的手感和心意，我覺得媽媽真該得個獎出國比賽什麼的，原來她的粽子大概不到四兩，恰恰是她手的大小，可是我覺得太小，吃一個不飽，兩個又太多，沒有市場競爭力，就要求她包到五兩，大到她的手快抓不住了，老媽雖有點怨言但還是照做，因為她也希望給客人物超所值的飽足感啊！

這樣她的好味道，外加那一顆母親的愛心，才能透過粽香，傳達給每一個打開粽葉，大口吃粽子的天下兒女呀！

粽行天下

自從粽子開賣以來，我幾乎一個禮拜有三天，拎著幾十個粽子在捷運淡水線上來來去去。有時候包了一整天的粽子，氣味都帶在身上，來不及也懶得清洗，活脫脫就是一顆大粽子坐在捷運上。

這時候最有趣的，就是車廂裡其他乘客的表情。一回幾個國中生一哄而進車廂，立刻有人驚呼：「粽子耶！好香好香……」當場粽聲此起彼落不絕

忽媽胖墩墩的手很巧，包起粽子來靈活極了，

一顆粽子恰恰是她手的大小。

於耳，幾個小孩皺起鼻子嗅啊嗅的，終於鎖定了我這個粽味十足的阿姨，大家看著我，竊竊私語並吃吃地笑。

於是我不假思索把袋子打開，拎出一掛剛包好的北部粽——還自己配樂呢：「搭啦搭啦！答對了！真的有粽子耶！」我大聲地宣布。

頓時擁擠的車廂裡發出陣陣的驚嘆聲，粽香四溢中，大家都掛了一抹微笑在嘴邊，看得出也都有點餓了。我則是忍了半天才抑制住我想送粽子給那群小朋友吃的衝動。

可惜沒有帶名片啊！

PS.忽忽粽迴響摘錄：

忽忽阿姐：我今天和室友吃了北部粽，還加了一個豆沙白粽當甜點，我們真的從來不知道粽子可以讓人這麼神魂顛倒！（請務必轉告忽媽媽，她真的太厲害了！）說實話，我還沒搞清楚端午節是什麼時候，但是我肯定會追加訂粽子，想請問忽媽媽收訂單有deadline嗎？（因為我家人朋友客戶等等等等還得統計一下大概各需要多少）。

誰來晚餐？——忽忽◎文

外省菜．母女．情

忽忽和忽媽合作宅配事業之後不久，好評接續而至，媒體開始相爭報導，壹週刊、電視都來邀訪，公共電視《誰來晚餐》更決定在母親節前，為她們特別製作一集節目，談這一段在柴米油鹽中呈現的母女情。結果，母女倆為了找誰做特別來賓，意見又相左，忽忽在她的部落格生動有趣地寫下這一段難忘的受訪記。

年前公視《誰來晚餐》的企製給了我一封mail，說是想來拍我們家的宅配，我說好啊好啊！非常榮幸。

不過我心裡有點擔心忽媽媽不答應，她在不熟的人面前是很害羞的，更別說面對攝影機了。

果然老媽聽了我的提議後一臉猶豫，嗯嗯啊啊半天，甚至異想天開求助於我們一個朋友桂姐：「妳來冒充我嘛！」——老太太還真是會耍寶逗趣

兒。

我心想：沒關係，年後再說，不搞定妳我就不叫妳女兒。

沒想到過一星期再跟她提起這事兒時，她竟點頭答應了。

第一個禮拜拍了一天，主要是拍她的菜，和訪問她一些菜後面的故事。

本來以為她在鏡頭前會很木訥，哪知道她活潑得很哩！人家問她菜的故事，她偏要講她打牌的故事，講得落落長，我在一旁拚命打轉彎的手勢，她才一臉不捨地繞回正題。

可惜第一天拍的時候我嚴重睡眠不足，兩眼發黑醜到暴斃，所以，我絕對不會告訴人什麼時候會播出。（千萬別看！萬一不小心看了拜託記得要去驅魔避邪！）

這節目的重頭戲之一就是請個名人來我家吃晚飯，我開出了幾個名字後，隨口問了人家「會不會有點難」？

企製老實地點了點頭。

我開出的名單是侯孝賢、張大春、王偉忠。當然我也說出了我想請他們吃飯的理由。

稍後我問我媽：「請王偉忠來吃飯怎麼樣？」

忽媽想都不想就說：「不要！」

「那妳想一個。我很樂意把第一個優先名額讓給妳。」我提議。

我媽卻是一臉「不關我事」的表情。嘿嘿！誰知到了半夜，她打電話給我說：「陳美鳳，」她有點不好意思地提起：「我想請美鳳來我們家吃飯。」

為什麼？我好奇地問：「為什麼要請美鳳？」

「因為她很喜歡吃我的豆乾肉絲啊！」我媽回答。

神祕嘉賓到府！

我作夢都沒想到會是她到我家作客，一開門見到她，我跟我媽都跳了起來，又笑又叫，又抱人家又掉眼淚的，真是超級三八母女檔。

而這位來賓好像跟我媽換過帖似的，坐下來不到幾分鐘就開始碎碎唸我了，唸得我媽猛拭淚，直跟人道謝：「啊，妳是會算命是不是？怎麼知道我心裡就是這樣想？」

我則是一路不好意思支支吾吾無言以對，最後不免小小抱怨：好討厭妳是專門來讓我哭的是不是？……

這位來賓真是可愛，每吃一道菜就豎起大拇指朝著鏡頭說：「吼！金好呷！不吃你會後悔……」

而且她還不止是做個樣子而已，吃得還真多：半碗麵、一大塊鯧魚、半個鹹粽、一個甜粽，菜就不用說了——看她吃得那麼香，我跟我媽得到了莫大的滿足。

謝謝《誰來晚餐》製作單位的超級貼心，幫我們邀請了冰冰姐——白冰冰。特別是在這個時候，對我們母女倆的確是最大的支持和鼓勵。

（節目首播於中華民國九十八年五月八日公視《誰來晚餐》：外省菜·母女·情，現在在YouTube上仍然可以搜尋到）

忽忽好味九帖

懶於下廚，不諳烹藝，
忽媽打包手藝提供美食救援
手工摔打獅子頭
鑊氣十足蔥爆牛肉
酣暢淋漓醉雞腿
翡翠辣椒空腹鑲肉
魚頭火鍋一鍋雙吃……

忽忽味，一場只要宅配就能演出的餐桌好戲！

獅子頭。蔥爆牛肉。醉雞腿。燻魚。魚頭火鍋。

豆瓣魚。滷牛腱、牛筋。滷牛肚。辣椒鑲肉。回鍋肉。

忽忽好味九帖

獅子頭

我做的獅子頭個頭兒比較袖珍，不是傳統大如葵花那一款，但食來肉香濃郁、酥滑香潤，吃過的都說好。

從以前經營餐廳到後來做宅配，獅子頭一直是很受歡迎的菜色，尤其年節前推年菜，獅子頭更是賣翻了，廚房裡肉圓子一顆顆炸，炸完簡直連腰都挺不直了。我做的獅子頭個頭兒比較袖珍，不是傳統大如葵花那一款，但食來肉香濃郁、酥滑香潤，吃過的都說好。

獅子頭在宅配菜單上很熱門，主要因為它方便，可以冷凍保存，取出就可以下鍋。一般人在家做，可以一次做多量，放冷之後冰存於凍庫，日後隨時要吃取出就下鍋，堪稱最佳常備菜。

我做菜素來不拘形式，砧板灶前信手拈來，獅子頭亦然，旁人調肉時喜歡加入蔥薑水，我則習慣只加蔥末不加薑，味道更柔和。肉餡中加入刈薯是為了去膩添爽，很多人喜歡用荸薺，但我覺得荸薺口感脆，不如刈薯剁碎後嫩軟，調入肉餡後口感更為一致。

煎或炸肉圓時，只要定形就可以移入加了醬油的熱水中煨熟，有兩個好處：一來肉圓子的口感比較軟嫩；二來高湯也有了，這叫一兼二顧。一般人習慣用大白菜搭配獅子頭，其實也可以改用整株的青江菜下去一起煨煮，煨到又黃又軟，雖不好看卻好吃極了，有興趣的人不妨試試。

獅子頭

材料

- 豬後腿絞肉1斤
- 豬油180公克
- 蛋1個
- 刈薯150公克
- 蔥3支

調味料

①
- 太白粉1湯匙
- 米酒2湯匙
- 醬油1湯匙
- 鹽巴
- 白胡椒粉適量

②
- 醬油2湯匙
- 鹽適量
- 清水600cc

備料

1 蔥切細末。蛋打勻。
2 刈薯剁碎，擠去水分。
3 豬絞肉用刀再剁片刻，使肉產生黏性。
4 將絞肉、豬油、刈薯末、蔥末、蛋液全部放入大碗中，依序放入調味料①，邊加邊攪動，充分拌勻至有黏性之後，再加以摔打直到肉產生彈性。
5 將肉分成10分，做成肉圓狀。

烹飪

1 先用一個湯鍋，裡面放入調味料②，煮滾後轉小火保溫。
2 瓦斯爐的另一口爐火放好煎鍋，鍋中燒熱4匙油，油熱到7分時，放入肉圓煎到定形後，立刻移到旁邊的熱水鍋裡，以中小火煨到熟即可起鍋，煮過肉圓的醬油水請留用，可以當高湯使用。
3 在砂鍋底部用少許油煎香2根蔥段，放入大白菜鋪底，再放下獅子頭及高湯，如果湯汁不夠可酌量加入清水，以大火燒開後改小火燉約40分鐘。

忽忽說菜

唐奶奶教做的獅子頭

忽忽◎文

當年人山餐廳還營業的時候，每到過年前就有年菜的外賣，獅子頭賣得最好，一天可賣五百顆，後來餐廳收了，我媽也是年年替朋友做菜，我覺得她已經是那種一天不做菜手就癢的人，可憐的是我啊，這輩子從來不知道什麼叫身輕如燕。

獅子頭是唐奶奶教的，唐奶奶是江北人，江浙人做的獅子頭有很多種，姑且不論味道，光是外形、做法、材料上、就有大大的不同，老立委周書府做的獅子頭也超好吃，清燉的，光是一顆獅子頭有湯碗那麼大，他們家親戚可多咧，年節吃飯時一家人團團圍坐一大桌，一人一口獅子頭，也都還吃不完。

我們家的獅子頭比拳頭小一點，先炸過，再紅燒，做湯（獅子頭火鍋）也可，加點大白菜A菜青江菜什麼菜的都嘛好吃，就連白口吃也行，像我小姪子不愛吃飯，一頓一顆獅子頭綽綽有餘。

唐奶奶一直到前幾年才過世，享年九十六，她的兒子十幾年前就走了，老公死得更早，而這些都是她自己早就預知的事。奶奶生了張大餅臉、朝天鼻、刮鍋似的嗓音，且裹了小腳，走起路來搖搖擺擺，永遠是一身灰布褂，只有那一雙手極漂亮，光滑如絲，柔荑玉蔥，與身上其他的相極其不配；唐奶奶說如果不是她那雙手，早在逃日本鬼子難的時候她就沒戲了。

唐奶奶很會看相，她也早預言了我母親的衰敗，但那時她只敢跟她媳婦、也就是唐媽媽——我們另一家餐館的合夥人講，一直到我們結束人山餐廳以後，唐媽媽才跟我媽提起，唐媽也是我媽的債權人，卻安慰我媽說：「沒關係！妳不要急著還我，奶奶說妳如果沒有這一劫，妳可能會中風、橫死！沒關係！山不轉路轉。」

我媽跟我五舅合夥破裂之事也早有人說，當年好姨有個朋友，大家都叫她仙姑，看的是子平，偶爾會來餐廳串門子，她就警告過我媽千萬不能跟她的兄弟合作事業，否則大破大敗。

可我媽鐵齒得很，非但不信，還跟人翻臉。

結果證明了仙姑是對的，人山就是從我五舅那一次爭執分家後，開始往下，我媽堪稱是算命無用論的一個最好說明。

忽忽好味九帖

蔥爆牛肉

女兒忽忽愛寫作、愛演戲，我愛烹飪、看小說。開餐廳之後，我發現做菜跟演戲很像，有時候正正經經的主角不見得討喜，反倒是亦正亦邪插科打諢的配角能贏得滿堂彩。

被歸在下飯菜之列的蔥爆牛肉，就是這麼一道配角比主角出色的菜餚，炒得油潤亮澤的牛肉往往不及便宜的蔥段討好，尤其冬春之交，正當令的蔥甜而不辛，蔥爆牛肉的主角絕對是蔥，不是牛肉。

所以做這道菜切記蔥務必要多，蔥白先下鍋爆出香氣，再下蔥綠，快炒起鍋，牛肉鮮嫩、蔥翠綠、蔥白幽幽如笛，襯上紅艷的辣椒，盤裡就是一場活色生香的好戲。

材料

- 牛肉絲半斤
- 蔥段20支
- 辣椒3支（切小段）
- 薑末1湯匙
- 蒜末1湯匙

調味料

- 醬油1大匙

醃料

- 鹽
- 米酒
- 太白粉各適量

烹飪

1 牛肉絲用適量鹽、米酒和太白粉抓醃一下。

2 蔥切3公分小段，蔥白和蔥綠分開。

3 油鍋熱了之後，放下牛肉拌炒到8分熟，起鍋備用。

4 利用鍋裡的餘油，放下薑蒜末和蔥白部分一起爆香，嗆入醬油，再將蔥綠和牛肉一起倒下拌炒，起鍋前下紅辣椒，兜炒幾下即可起鍋。

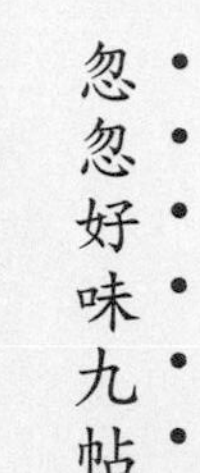
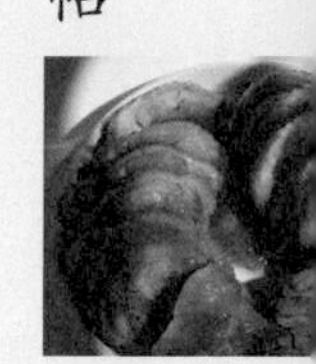

忽忽好味九帖

醉雞腿

開餐廳時，醉雞一直是很受歡迎的冷盤，
在等待熱菜上桌前，讓客人填填肚子，同時也把胃口打開。
等到我做宅配，最先想到的菜也是醉雞，
因為它沒有復熱問題，而且越泡越入味。

材料

- 去骨雞腿6支
- 花雕酒1瓶
- 市售燒酒雞材料1包
- 帶蓋的容器1個

烹飪

1 去骨雞腿用棉繩捲包起來，放入電鍋蒸熟，取出放涼，湯汁留用。

2 燒酒雞材料包放少許水煮5分鐘，加入蒸雞腿的湯汁和花雕酒，再加適量鹽巴調味後，做成醉雞汁。

3 把蒸好放涼的雞腿放入湯汁中浸泡，蓋好之後移入冰箱冷藏，直到浸泡入味，最起碼要浸泡1天以上。

叮嚀

1 很多地方教做的紹興醉雞會使用當歸、枸杞一類的中藥材，在家做為求方便，直接去買市售燒酒雞材料包一樣可以達到提味的效果。

2 醉雞腿越泡越入味，我個人習慣至少浸泡3天，讓醉雞汁完全滲透進肌肉組織裡，吃來才夠味。

忽忽好味九帖

燻魚

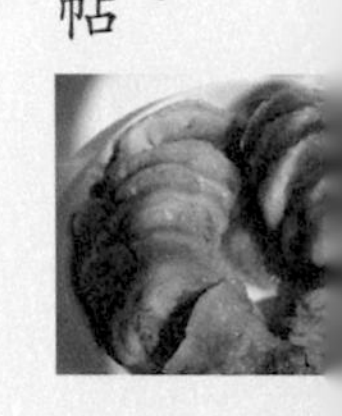

燻魚是江浙著名的盆頭菜之一，吃冷不吃熱。
這道菜我稍做了改良，傳統做法的魚肉炸得比較乾硬，
用老抽做醬汁的關係，顏色也偏深，我採折衷做法，
燒出來的燻魚沒有那麼甜，也沒有那麼黑，客人吃了都說喜歡。

材料

- 草魚1尾（約6斤重）
- 蔥2支
- 薑1小段
- 蒜4瓣

調味料

- 醬油4湯匙
- 烏醋2湯匙
- 白醋1湯匙
- 二砂糖2湯匙

備料

1 薑切片拍裂；蔥切段；大蒜拍碎，一起放入碗中，和調味料一起拌勻成為醬料備用。

2 草魚將魚頭切下（可留作他用），魚身對半切開，以斜刀切約1公分厚片。

烹飪

1 起油鍋，油加熱燒至攝氏130度時放下魚肉，以大火炸到熟透香酥，起鍋瀝去多餘的油。

2 炸魚之前，用另一個鍋子將預先拌勻的醬汁煮到濃稠。

3 待魚炸好後，將醬汁淋在魚身上，浸泡一個晚上使其入味。

叮嚀

6斤的草魚去了頭之後，魚肉約剩4斤，魚頭我通常另用來做砂鍋魚頭。

忽忽好味九帖

魚頭火鍋

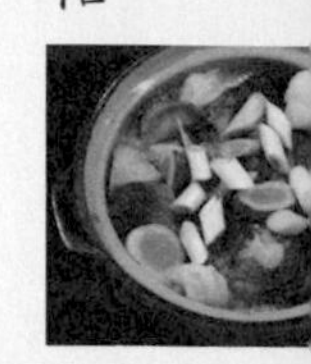

這一道魚頭火鍋是客人口述砂鍋魚頭的做法之後，再經我變化而成的一道菜。融合了吃火鍋的趣味和豐富，只是在吃鍋當中依然可以享受到砂鍋魚頭的濃郁風味，一鍋雙享受！

材料

- 鰱魚頭1顆
- 大白菜600公克
- 蔥2支
- 青蒜1支
- 香菇5朵
- 豆腐1塊
- 筍1支
- 寬粉1小把
- 蛤蜊6個
- 其他火鍋料：魚丸、芋頭塊、魚餃、油豆腐……任選

調味料

- 醬油6大匙
- 米酒3大匙
- 鹽少許
- 胡椒粉少許

備料

1 魚頭剖半，用醬油和酒浸泡10分鐘。

2 香菇泡軟，切片；青蒜切絲；蔥切段。

3 大白菜洗淨，切大片；豆腐切厚片；筍切滾刀塊。

4 寬粉泡水。

烹飪

1 起油鍋，用多量油先將魚頭兩面煎到金黃。

2 在砂鍋中加少許油，先爆香蔥段，放上炸好的魚頭，注入水及調味料，以大火煮滾後，再以中小火燉煮1個小時。

3 打開鍋蓋順序排入豆腐、香菇、筍、大白菜，續煮十多分鐘，見大白菜軟了，依個人喜好加入火鍋料、蛤蜊和寬粉，煮熟即可上桌。

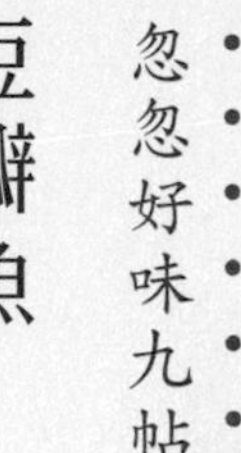

豆瓣魚

以前人山有位做川菜的師傅，餐廳許多下飯菜都由他操刀，他的豆瓣魚燒得非常夠味，我的豆瓣魚就是跟他學的。多年來我試過用吳郭魚、草魚和紅尼羅河魚來燒製這道菜，覺得還是吳郭魚燒來最好吃，調味方面則要靠自己多用舌頭試味道，找出自己最適口的比例。

材料

- 一斤重左右的吳郭魚1條
- 板豆腐1盒
- 絞肉75公克
- 太白粉適量
- 蔥2支

調味料

- 辣豆瓣醬1.5湯匙
- 醬油1茶匙
- 黃砂糖1茶匙
- 酒釀1湯匙

備料

1. 吳郭魚清理乾淨，魚身用廚房紙巾吸乾水分，拍上太白粉。
2. 豆腐切塊。蔥切末。

烹飪

1. 起油鍋，油熱後，放下吳郭魚兩面煎上色，約7分熟起鍋備用。
2. 另起油鍋，放下絞肉拌炒一下，下豆瓣醬和少許水炒香後，放入2杯水（量米杯）、切塊的豆腐、炸過的魚以及調味料，以大火煮滾後，轉中小火燜煮十分鐘，起鍋前撒下蔥花。

滷味三拼

做滷味雖然費時耗工，但它在餐桌上善於變化，輕輕鬆鬆就可以變出好幾道菜，絕對是很值得投資的冰箱常備菜。

滷牛肉、牛筋

材料

- 牛腱肉1.5斤
- 牛筋1.5斤
- 辣椒6條
- 蒜150公克
- 去腥用香料：蔥4支、薑2小段拍裂、米酒1杯

備料

1 在鍋裡煮開一鍋清水，水中放入蔥段、薑片及米酒，放下牛筋先以大火煮滾，轉小火續燉2小時，熄火，讓牛筋泡在湯汁中一晚上（約6～8小時）。

2 隔天另在鍋裡煮開一鍋清水，水中放入蔥段、薑片及米酒，放下牛腱汆燙去血水，5分鐘後起鍋備用。

滷汁

- 醬油1.5杯（量米杯）
- 米酒1杯
- 黑豆瓣醬1小盒
- 糖1湯匙、滷包1個

烹飪

1 將牛腱和牛筋放入滷鍋中，加入辣椒、大蒜以及滷汁調味料，加水略淹過牛肉，先開大火煮到滾開，轉中小火加蓋續滷70分鐘，關火後讓牛肉、牛筋繼續浸泡在滷汁裡一整個晚上。

2 隔天取出牛腱牛筋，切片排盤，撒上蔥花，滴幾滴香油食用。

叮嚀

1 滷牛腱如果一時吃不完，可放入冷凍庫保存。

2 滷牛腱剩下的滷汁別倒掉，過濾後可以留下做老滷，下次要滷牛腱時，只要再酌加醬油和酒進去即可。

3 牛筋的膠質豐富，滷煮過程中最好加以翻動一下，可免於燒焦巴鍋。

滷牛肚

材料

- 牛肚1個
- 辣椒2條
- 蒜10～12瓣
- 蔥段及薑片適量（汆燙牛筋用）
- 滷牛腱後剩下的滷汁

烹飪

1 牛肚用清水重複沖洗乾淨。

2 煮開一鍋水，放下薑片和蔥段，再將洗淨的牛肚放入汆燙去腥。

3 汆燙過的牛肚放入滷汁中，先開大火煮到滾開，轉中小火加蓋滷約1.5小時，用筷子試一下軟硬度，如果好了即可關火，並浸泡在滷汁中一夜，如果不夠軟則再續滷一下。

叮嚀

牛肚由於味道較重，最好單獨滷，不要跟牛腱及牛筋一起滷煮。

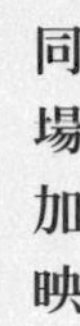

同場加映

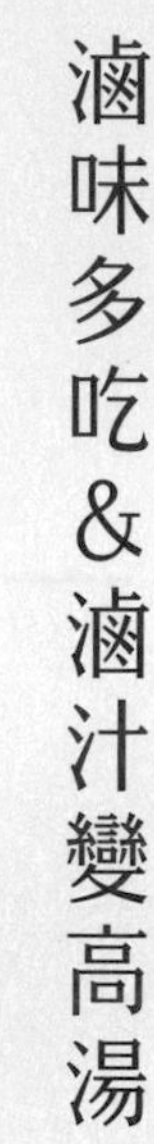

滷味多吃&滷汁變高湯

滷牛腱、牛筋和牛肚除了直接切片當冷盤，還有許多烹飪上的變化，例如牛肚可以切絲炒韭黃、木耳或筍絲、茭白筍、豆芽菜，也可以搭配大白菜絲、香菜和三合油（醬油、香油、白醋）做涼拌，北方涼拌菜松柏常青中的豬肉絲，就可以用牛肚絲取代。牛筋則可以拌辣油做成下酒的麻辣牛筋。

滷牛腱剩下的滷汁，也可以留下來再利用。我做宅配由於每星期都會滷上大量的牛腱，因此滷汁我通常不留作老滷，而是直接隨牛腱肉宅配給客人，讓他們利用這一大袋鮮醇的滷汁，在家煮牛肉麵或牛肉火鍋。

由於滷汁的味道鹹，一定要對入一定比例的清水，煮牛肉麵的時候可以加入番茄或青菜，煮好的湯麵上鋪上切片的牛腱肉、牛肚和牛筋，就是美味的牛三寶麵。

火鍋的做法也很簡單，一樣是在滷汁高湯中加適量清水稀釋，再放入包心菜、番茄、豆腐以及自己喜歡的火鍋料，煮滾了再依個人喜好涮肉，吃來熱呼呼又夠味。

火鍋的做法很簡單，在滷汁高湯中加適量清水稀釋，再放入包心菜、番茄、豆腐以及自己喜歡的火鍋料，煮滾了再依個人喜好涮肉，吃來熱呼呼又夠味。

忽忽好味九帖

辣椒鑲肉

辣椒鑲肉是江浙著名的盆頭菜，也是人山的招牌手工菜之一。
我在開宅配菜單時，特別將這道手工菜放進來，
希望讓沒功夫做這道菜的人，即使不上餐廳，只要宅配，
也能在家享受到它的美味。

材料

- 絞肉375公克
- 翡翠辣椒20條

調味料

①
- 蛋1顆
- 醬油1湯匙
- 米酒1湯匙
- 太白粉1茶匙

②
- 醬油2湯匙
- 白醋1.5湯匙
- 砂糖2湯匙
- 蒜5瓣（切末）
- 薑3片（切末）

備料

1 絞肉加入調味料①充分拌勻，放入冰箱冷藏半小時以上。

2 辣椒切去頭尾，挖去辣椒籽及囊裡，小心不要弄破椒身。

3 將肉餡從冰箱取出，填入翡翠辣椒中。

烹飪

起油鍋，放下辣椒以中火煎軟，加入調味料②，再加少許水，以小火燒10分鐘左右，直至入味。

叮嚀

1 用來鑲肉的青辣椒有兩種，怕辣的人可以選用顏色較深的青龍椒，能吃辣的人則可以挑顏色比較淡的翡翠椒。

2 青辣椒的囊裡可以用剪刀先從頭剪開，然後再慢慢旋轉抽拉出來，這樣就能連籽一起拉出來，剩下的辣椒籽只要用水輕輕沖洗就能除盡。

3 調好的肉餡可以裝入擠花袋內，比較容易填進小小的辣椒身體裡。沒有擠花袋的人不妨將肉餡裝進塑膠袋裡，邊邊剪開一個小口，就可以充當擠花袋。

4 擠肉餡要有耐心，不要猛力擠，這樣肉餡不容易填滿椒身。不妨從邊邊慢慢用擠花袋擠進去，擠到一半時把辣椒立起來輕敲一下，有利肉餡順利落入底部。

回鍋肉

川菜考試經常用回鍋肉做為試題，它是四川菜式中非常具代表性的一道料理，主材料是五花肉，最好選肥瘦各半且帶皮者為佳。這道菜最初是利用祭祀完的川燙五花肉再變化的一道菜餚，「回鍋肉」的菜名也由此而來。

色澤紅亮、醬香濃郁、肥而不膩是回鍋肉的特色，它也是一道極下飯的菜餚，每次有人點這道菜，白飯循例總要多追加幾碗。

材料

- 五花肉150公克
- 豆乾3塊
- 青蒜5支
- 紅辣椒3條
- 青椒半個
- 茭白筍3支
- 蒜3瓣
- 薑2片

備料

1 水中加蔥、薑、米酒煮開，轉小火，放入整塊五花肉，加蓋燜煮約15～20分鐘，放涼後切薄片備用。
2 豆乾切片。
3 大蒜及薑片分別切末。
4 青椒切塊；青蒜捨去老葉，洗淨切斜段。
5 茭白筍切滾刀塊。

調味料

- 黑豆瓣醬2湯匙
- 砂糖半茶匙

烹飪

起油鍋，先放下燙熟的五花肉片和豆乾拌炒，炒到捲曲微焦，放下豆瓣醬炒出香氣後，下茭白筍拌炒，再依序放下豆乾、青椒、薑蒜末、青蒜白，拌炒到熟，加入砂糖，臨起鍋前下青蒜尾和辣椒，快速拌炒即可起鍋。

叮嚀

回鍋肉的主角是五花肉和豆乾，配角則有諸多變化，主要有青蒜苗、青椒、高麗菜，也有人加蒜苔、大白菜，我則喜歡利用不同季節的時蔬為這道菜做變化，夏秋之交茭白筍盛產的季節，把美人腿加入這道菜裡，多了爽潤少了厚膩，吃了絕對會驚喜。

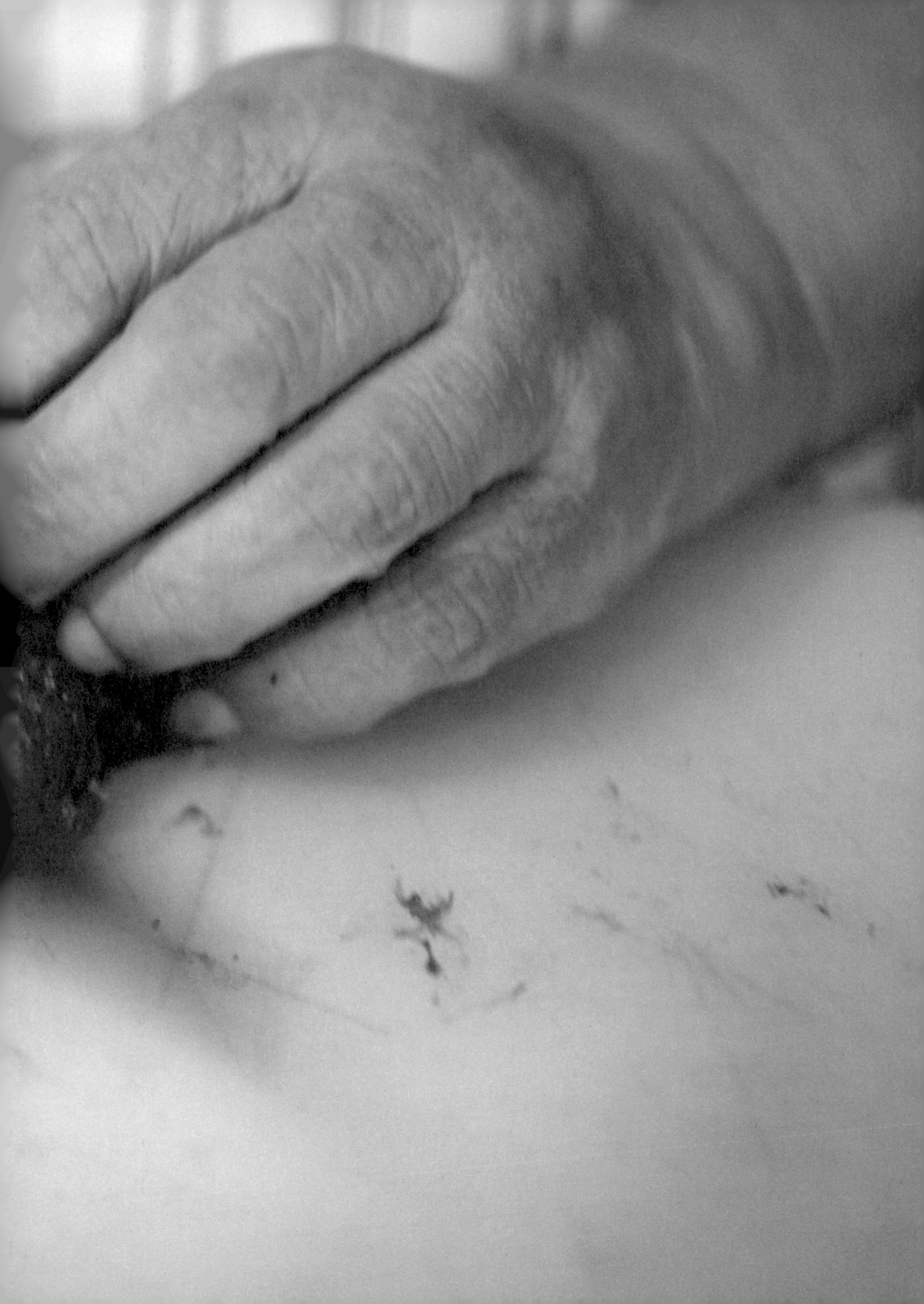

Part 3

開飯啦，廚房有愛

人人是大廚

我不是天生廚娘。曾經，下廚對我來說是很困難的一件事。從難到易，從生澀到熟稔，是一條時間和經驗砌出來的道路，灶上功夫跟所有學藝一樣，要靠不斷的練習和濃厚興趣支撐，只要有心，連鐵杵都能磨成針，何況區區料理?!

我二十二歲結婚，隔年生下女兒，剛結婚那一年，我和外子當了一整年外食族，我們三餐都上館子，因為我是一個完全不諳廚藝的新嫁娘，只好把餐廳當成自家餐桌。生了小孩之後，開始慢慢學著做菜。這麼多年來，很多人都做過我的烹飪老師。

剛結婚的時候，我們住在中華日報宿舍，宿舍位於迪化街，當時是台北很熱鬧的地方。我們的宿舍是一棟很大的房子，一共住了九戶人家。大部分房型都是一房一廳，廚房不在屋內，而是獨立於外的，一間一間用竹簾隔開，每一戶的廚房各有一個木頭門。

因為廚房不在家裡，每次下廚煮婦們捧著菜、拎著肉，大包小包揣著走進廚房，雖有不便，但也有好處，那就是彼此間切磋討教廚藝的機會大增，我的手藝就是這麼在左鄰右舍的諄諄教導下，一步一腳印扎下根基的。

當時我是宿舍裡年紀最輕的一位煮婦，許多媽媽們都很樂意教我做菜，我們家住六號，大家喚我「阿六」。七號住著很會燒菜的林大嫂，她是福州

做菜不難，只要有心，加上不斷的練習和經驗，菜鳥也可以變大廚。

人，很會做點心，她做的醉豬腳尤其是一絕，連資深報人葉明勳都稱讚。十號住著總經理太太史媽媽，她是四川人，每回燒起菜來，辛香嗆辣菜香四溢，光聞著肚子已經咕嚕咕嚕餓起來。她們兩位可以說是我的廚藝啟蒙，一杓鹽一揮鏟，一招一式地帶著我學會許多好吃的家常菜。

林大嫂大我十二歲，像我的大姐又像婆婆，不但教我料理，也教我許多人生道理。我的脾氣拗，外子有時候跟我意見相左，怎麼說都說不通，就去拜託林太太，請她當說客，因為只有林大嫂說的話我會聽。忽忽經常笑我這種破軍命的人是一匹野馬，很難馴服，她不知道再野的馬也怕碰上伯樂，只要讓我服了誰，就一輩子服他，林大嫂就是讓我服氣的人。

外子雖然不下廚不做菜，但是他很懂吃，更說得一口好菜，吃多識廣的他是我的另一位烹飪老師，有些菜透過他口述，我揣摩著做出來，請他再試味道，鹹甜濃淡加加減減，竟也八九不離十。女兒忽忽後來想跟我學做菜，我建議她：「先把嘴練刁。」一嘴刁了對於味道就會敏感，在外頭吃過了好菜自然會記住那個味道，如果又能在烹飪技法上有些許基礎，就能把這分敏感用於料理之中，做起菜來雖不中亦不遠矣。

開了餐廳之後，教我做菜的人越來越多，餐廳合夥人唐媽媽教我做獅子

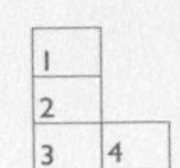

1 三杯雞很家常，加了杏鮑菇和豬血糕之後，傳統菜便多了新意，這就是料理的千變萬化。

2 四川史媽媽擅長調味，她教我做的肉末苦瓜，徹底改變不喜歡吃苦瓜的我。

3 我的鄰居史媽媽是我的烹飪啟蒙老師之一，魚香肉絲也是她教我做的好菜之一。

4 酸江豆炒肉末很好做，冰箱裡常備一分，隨時都可以開飯。

頭，從餐廳的四川師傅那兒，我學會燒川味豆瓣魚、麻婆豆腐；江浙廚師教會我做江浙盆頭菜燻魚、辣椒鑲肉；報社總經理太太史媽媽是我的糊州粽老師，就連上門吃飯的客人也會教菜，魚頭火鍋正是一位客人口述之後，我照著做出來的。還有一位任職華航的客人，教我用炸香的花生拌豆腐乳，切點香菜下去，便是一道極開胃的小菜。

從沒有一點點廚藝的菜鳥，到開餐廳做大廚，還能宅配美食，我的經驗說明做菜真的不是太難的事。料理這麼有趣，充滿變化洋溢想像，只要喜歡，人人可以是大廚，至少在自家廚房舞鍋弄鏟，撫胃安心，是人人都可以做到的事。

廚房有愛

忽忽國中的時候我開了人山餐廳，此後，人山就像我們的自家餐廳。女兒和兒子壯維下了課，循例先往人山跑，有時候肚子餓了，忽忽會自己去廚房弄些吃的，雖然廚房裡有四、五個師傅，但忽忽喜歡自己來，不愛麻煩別人。當年她在餐廳有個外號叫「小辣椒」，雖然我是老闆娘，不過我看餐廳裡的人都怕她不怕我，因為她的個性嗆辣，誰的面子都不賣，連當時中華日報總經理私底下都叫她「恰查某」。

也許因為成長過程中，很大一段時間在餐廳度過，忽忽對吃有很多堅持和情感，連她後來寫劇本，吃也成為其中重要的一環，她藉吃隱喻愛情，埋在劇情裡的某個關鍵時刻出現，讓觀眾拍案叫絕。

食物是連結情感和記憶的引線，某道菜的菜香裡常常埋伏著回憶的線索，有時候走到人生的低盪期，味覺的記憶會跳出來，為生命帶來重新啟動的勇氣，因為味道喚起了心底曾經被愛過的溫暖。

兒子壯維唸書和當兵時，經常帶朋友到人山吃飯，不管是他的同學還是阿兵哥，只要報上兒子的名字，我一律招待，絕不收錢。女兒也一樣，同學同事上門，對我來說都是一家人，能用食物招呼他們，我很開心。這些年來因為做菜的關係，交到許多朋友，雖然沒能賺到什麼錢，但賺到了真心，仔細想想那比金錢更可貴。

我相信每個家庭的廚房裡，都埋藏著愛的種子，要讓它發芽的方法就是多下廚，藉廚房的爐火讓整個家升溫。

現代職業婦女多，三餐在外的外食族比比皆是，廚房變成裝飾，蒼白整潔只煮咖啡不煮食物，這是多麼可惜的一件事，將來孩子長大，記憶裡將只剩下便利超商的微波便當，沒有媽媽味。這是當初我和女兒商量要做宅配的原因之一，想把媽媽的味道送到沒時間開伙的家裡，讓大家都願意回家吃飯，重新把廚房的愛找回來。

膾不厭細

這些年很多人問我做好菜的關鍵，我總是告訴他們：「原材料最重要！」只要材料好，簡單料理就很好吃，這道理跟欣賞美女一樣，天生五官秀麗，不必濃妝艷抹也可人。

做中菜，尤其快炒，火候的掌控非常要緊，下廚前最好弄清楚每種食材的熟成時間，以免下鍋後過猶不及，減損風味。滷菜燉湯也一樣要注意先後的火候變化，切勿一火到底讓整鍋湯失了韻致。像我滷牛腱、燒番茄牛肉，多半先開大火滾十分鐘，再轉中小火續燒二十到三十分鐘。

如果煮食材豐富的羅宋湯，更要注意先後順序，甜度高又耐煮的蔬菜，如洋蔥、紅蘿蔔、番茄先下鍋熬煮，半小時之後再下牛腩和馬鈴薯續燉，這樣既讓食材中的味道釋放到湯汁裡，也讓肉保有該有的甜度和口感。

很多人做菜習慣爆香，台語叫「芡香」，我受烹飪啟蒙老師史媽媽的影響，做菜時很少爆香，我的做法是，先用菜刀把辛香料拍一下，再和食材一起下鍋，經過油和熱的催化，拍打過的蔥蒜，一樣也能產生很好的「芡香」效果，不一定要讓它們先下油鍋受盡煎熬，下回炒空心菜的時候不妨試試。

辛香料的使用在各國料理中，都是很重要的一環，蔥薑蒜是中國菜中使用最廣泛的香料，我由於個人偏好的關係，料理過程中多使用大蒜和蔥來壓腥提鮮，很少使用薑，那是因為我覺得薑的味道太搶，容易奪味，除非燒魚或做三杯雞，否則我的料理台上，薑的使用比例明顯較少。

孔子在《論語．鄉黨》中說：「食不厭精，膾不厭細。」形容食物要精製細做。這一點我舉雙手贊同，也由此可以推知孔老夫子一定是位美食家。料理的工要細，指的是食材的切割，該粗的要粗，該細的一定要細，粗細不分必失滋味。

舉例來說，茭白筍不宜切得太薄，否則不容易吃出其肉質莖的甜美幼嫩，但質地比較脆爽的竹筍就不怕細切。粗細不但攸關入口的口感，也跟火候的掌握和細緻度有關，人山的豆乾肉絲贏得好評，跟豆乾切的粗細其實很有關係，小小一個環節往往正是美味關鍵，所謂魔鬼藏在細節裡，就是這個道理！

有興趣嘗試自己開伙的人，剛開始不妨以食譜為師，但不要完全盡信食

食物的切割粗細影響口感甚巨，例如這道雪菜筍絲若切得太粗便失卻滋味。

譜，一杓一匙不敢有絲毫改變。做菜多年，我深深覺得料理台前是一個千變萬化的世界，材料的變化影響著佐料的增減，不同的醬料，鹹淡不盡相同，每一把醃菜濃淡也不會一樣，做菜過程中一定要多試味道，再依需要增減調味，落鹽下糖不要一次就下重手，逐次分批在經驗還不夠時，比較不容易出錯，即使錯了，也比較容易搶救回來。做菜多年如我，料理每一道菜的時候，也依然要試過鹹淡才敢盛盤，因此切記相信自己的舌頭，而不要盲信食譜。

很多人怕下廚是因為沒有信心，覺得自己做不來，其實料理跟人生所有事情一樣，都是熟能生巧，不要怕失敗，勇於嘗試，再從錯誤中調整，自然能在失敗中累積經驗，料理心法其實就是我們面對人生的態度。

我相信每個家庭的廚房裡，
都埋藏著愛的種子，
要讓它發芽的方法就是多下廚，
藉廚房的爐火讓整個家升溫。

實話實說

忽忽◎文

不知道是不是因為颱風天出生的緣故，忽忽說她脾氣一來，真如狂風暴雨；還好從小母親就給了她追逐自己的權利，母親也是忽忽後來能夠寫作的一個重要的因素，她一直以充滿詼諧與愛意的方式教養孩子。

這是忽忽的回憶：她的童年，她的家，她一生懸念的父親和母親……

小時候

我的出生跟麻將和颱風有關。

我是在數十年前，我媽去打麻將，風雨交加的路上不小心被生下的。這個不小心害我從天秤變成獅子，所以我小學二年級就懂得幫媽媽摸兩把，認識的字是從麻將開始。

我家打的是老麻將，十三張，國二那年替我媽自摸了一把兩數，就是一副牌只有兩個數字，自此村裡聲名大噪。

據說我十九個月才會走路，但走路以後就沒有摔過跤。小時候的我絕對是個野孩子，爬牆爬樹是每天的娛樂，還要比速度的。我家院子裡有一顆蓮霧，一棵好大的玉蘭花，還有紫葡萄、綠葡萄兩種水果。家裡旁邊就是稻田，田裡該有的都有了：蚱蜢、螳螂、青蛙、蝌蚪、大肚魚……。

有一次颱風過後我不小心抓到一條水蛇，還來不及大叫，我弟弟一臉崇拜地說：「齁！姊，妳好厲害！」我有點不好意思，略等了一秒，才大叫一聲，趕緊把手上扭動的蛇丟出老遠。

記得譚道良的壁虎功嗎？

我可是兩三下可以翻過牆的，現在嘛，只要不過胖，也還可以。那時候真想當俠女，還認真想過上山拜師這件事。偷偷的紮沙包，挖洞練輕功，當然後來被發現了，被嘲笑了一番。因此以後再也不提了，小孩子絕對不能嘲笑他，他會反向發展的。

小三時因為連生三個月的病，生平第一次考出第一名以外，好像第七還是八名。回家的路上，我草草想過自殺的七、八種方法，甚至想過不同的遺書不同的開頭，天啊！我才十歲，難道我的世界就要破裂？

突然第一次，我小小的人生有了挫敗、痛苦，分離的感覺充滿我小小的困惑、自責的頭腦。

然而我媽的反應很平常，她看了一眼，說：「喔！不錯！」給了我十元做獎勵，就像她一直以來做的一樣。

所以這些年來我在倔強到底以後，還是有一點通融，對別人，也對自己。

因為從小，我的母親就是這樣表達她的愛。

壞脾氣

再說到我是颱風天生的這件事，我的脾氣一來，確實真如狂風暴雨。

小學四年級，有一次媽媽在家裡打牌，我一旁跟她正說著話。牌桌上有個鄰居伯伯，突然嘀嘀咕咕罵了我幾句，我氣得衝回房，想一想，不甘心，又衝回他們牌桌上，以迅雷不及掩耳的速度抓了張牌就往外跑。然後以譚道良的身手爬到圍牆上，坐在大人抓不到我的屋簷上，大聲唱著歌。

那四個大人包括我媽，站在下面罵我的，勸我的，笑我的都有，我就是不為所動，繼續大聲，唱我的歌。

聽說事後我爸幫我跟我媽求情：「誰叫妳愛打牌，七個月就把她生下來，大颱風夜的，人家沒怨妳就不錯了。」

流浪的啟蒙

因為父親早年主持中華副刊的緣故，家裡總有看不完的小說，也因此我很早就看了些不該我那個年紀看的書：郭良蕙的《加爾各答的陌生客》是我的流浪啟蒙。

我還記得那是民國五十七年八月，我九歲生日的當天，紅葉少棒打敗了日本隊，全國陷入一片薄海歡騰中，我卻從二樓直直落下摔了個腦震盪，足足在病床上躺了三個月，因此書架上的小說便成了我排遣無聊最好的方式，老實說那時候我還真有因禍得福的竊喜呢。

幾年後我開始有點叛逆了，我父親會突然想起什麼似的嘆口氣說道：「唉！這小孩腦子摔壞了。」

我卻在心裡撇撇嘴回答道：「哈！殊不知是你沒做好圖書分類的關係。」

生日與父親

今年生日那天，我坐公車經過西門町，天上的捲雲是褐黃色的，颱風正要來。我的生日偶爾會遇到颱風天，而因為颱風，人生彷彿就被賦予了某些意象，例如我爹幫我編的出生小故事。

雖然因為主角是一隻小老鼠以致我很難高興，但感情上我還是很感謝我父親的，謝謝他以想像力和龐雜的文學知識，幫我的童年打了一層美麗朦朧的人生底色。

奇怪每當我生日的時候，就特別地想我父親。父親講最多的是聊齋式的現代故事，主角都是我們身邊的人，親戚啦鄰居啦，爸爸報社裡的長官啦同事啦，有時候爸爸的故事講得太逼真了，害我看到「故事裡的主角」時，都會臉紅口笨害羞好一陣子。

從來沒有人知道是怎麼一回事，都還以為我是個文靜的小女孩，於是久而久之我也誤會了自己。

孤獨的自由

每次想起家母說：「作家？作家都是妄想狂。」這話的表情我就止不住大笑。家母雖然只有小學畢業，但用字遣詞的精準程度卻令我傾倒不已，可想而知我父當年必定不是她的對手。而「作家都是妄想狂」這話是幾年前，我決定辭去工作、回家、坐下來、看看能不能寫出什麼的時候，我母親一不小心脫口而出的精闢見解。

我非常贊成我母親的說法，對於作家這個身分，直到現在我還覺得害羞不安，很想假裝成事不關己如臨大敵，甚或遠走高飛隱姓埋名。事實上身為讀者的我，也比較喜歡藏在書頁裡的作家，多過在生活中現身說法的作家，人的幻想需要距離才得以完成，對文字也是、對寫作的人更是。

老實說我對作家一點幻想都沒有，寫作於我唯一「真實的快樂」，就是再也不必跟別人一起工作、可以獨立完成一件事情。最重要的是我本來就是某祕教恐怖組織派來臥底的、卻老忘記自家的電話號碼、看到荔枝喊老蘇，望著藍天想螞蟻，如假包換不折不扣的妄想狂，所以這整件事從頭到尾跟作家一點關係都沒有，我想可能因為我母親早就知道我是荔枝——不！是妄想狂這回事兒，急於找個替罪羔羊而已。

母親是我能夠寫作的另一個重要的理由。她教養我的方式一直充滿了詼諧與愛意，在我青少年的時候，家裡的大門是從來不鎖的；因為母親要我知道，我永遠有家可回。後來母親漸漸明白了她的女兒只對孤獨這件事有興趣，身為母親的她當然著急啦，但她卻沒有一般母親的那種控制欲，她永遠尊重我的選擇，支持我的決定。即使到現在，她最大的要求也只不過是希望我出門化點妝、過馬路要看車子、千萬別發胖等瑣碎事兒。

從小，母親就給了我追逐自己的權利，直到這兩年我才知道，那是她小時候極度缺乏的；母親用她半生的痛苦成就了我這一生孤獨的自由。

小時候的忽忽，文靜與恰北北並存。

一場烈火青春

忽忽◎文

曾經狂野曾經叛逆，如烈火一般燃燒的青春歲月，
忽忽因為一場誤會和爭執差點被退學，幸虧最後媽媽出面幫忙擺平。

回想媽媽的愛，忽忽說，
我媽是我這輩子最大的貴人，一切因為，有愛！

據我媽說：我從小就是個雙面人：平常挺安靜乖巧，可罵起人來全村都知道，尤其是村裡那些年紀比我大的男孩，每次被我罵了還樂呵呵的笑個不停，氣得我再送他們一句「麻木不仁」。

殊不知此話一出，連大人們也笑個不停。笑得我心生納悶，幾乎以為「麻木不仁」有別的我不知道的雙關意思。趕緊跑去問我爹，我爹說：「麻木不仁」就是每次我要妳隨手關燈，出門帶鑰匙，妳卻完全不關心不理會的具體表現。對喔！我這才想起，原來「麻木不仁」是我爹常罵我的話。

毫無疑問的，我罵人的天賦得自他老人家的真傳，雖說罵人不是件什麼光采的事，但至少是個「聲明」：我是個恰北北，你最好少惹我。

為什麼要做如此聲明呢？大概又跟我從小發育不良、體弱多病有關。

小學一年級開學當天，媽媽帶我去上學，班導一看到我眉頭就皺起：個兒這麼小？明年再來吧。

媽媽央求老師：「拜託老師給她個機會吧！這小孩很乖，很愛唸書的，在家裡等開學等了好久呢！」

上了大概一個禮拜，媽媽又被請到學校，老師的雙眉打得跟蝴蝶結似的：「這小孩是不是過動兒啊？上課上到一半，她就站起來屁股搖一搖，自己走到操場去盪鞦韆。」經過媽媽好說歹說，我才有了第二次唸書的機會。

然而第一次月考我就考了個第一名，令老師刮目相看，並當上班長，當場幹掉原來的班長瞿國方。瞿國方是個大塊頭，我得仰起臉看他，而每次他經過我時總會踢我一腳，推我一把，當然我不是唯一被欺負的女孩，大約有四、五個如我一般瘦小的受害者，且都敢怒而不敢言，我甚至記得當時自己看著烏青纍纍的小腿，暗暗立誓道：我一定要用第一名來幹掉你這個惡勢力。

這個第一名，不是別的，卻是復仇的前奏。

所以我的命理老師說得不錯：通常人要發不外兩個原因，一是貴人提攜，二是小人激發。

高二那年，放寒假的前一天中午，每個學生都快快樂樂地收拾好書包，準備回家過年。唯獨我，在圖書館裡躲躲藏藏、躲到了下午三、四點，心想教官這時應該都走了吧？誰知一出門就遇到了恨我入骨的教官陳鵬，她就是專等在校門口，等著要剪我的頭髮。

那個頭髮多無辜多可憐啊！也不過剛蓋耳朵而已，於是我死活不肯讓她剪，她忽然一刀過來，差點刺到我的臉頰，我當然搶過她的剪刀，並丟向她的臉。她愣了一下，臉一變，「哇」的一聲，就哭了。

老實說那時候我心裡真是愉快又得意，並強烈地瞧不起她。我心想：妳媽啦！欺負了我一學期，搞半天妳是紙糊的。約莫那時暴力傾向已在我心中著床。

學校立刻召喚我媽前來，揚言要退我的學。

我媽不敢讓我爹知道這事，我爹除了狠狠揍我一頓之外，並不能解決我的麻煩。於是她盛裝打扮，來到訓導處交涉。

只見她眉毛一挑，王熙鳳似的，笑咪咪地問我的訓導主任：「不然你們要她怎麼樣？孩子錯已經犯了，罰她有用嗎？怎麼樣你們才滿意呢？家長把孩子交給學校，一個學期不少錢呢！你們學校不但沒能教好她，反倒一出事就一推二五六……」訓導主任愣了一下，沒想到我媽竟然這麼講，隨即叫我出去，到訓導處外面，罰站。

我實在聽不清楚裡面在吵些什麼，玄關有幾個修女經過，我也懶得敬禮了，就算不被退學，他們也會要我自動轉學的。可我一點不希罕這個什麼破修女學校。對著眼前的景物，我一一地告別，不但沒有離別的傷感，反倒暗暗開心。

每當提起這段往事，我媽就要嘆氣並說道：「當妳媽媽好累喲。我們來交換一下好不好？」

我在心裡回她：好的，我親愛的媽媽，如果有下一輩子，我一定十倍百倍地，還諸於妳。

這輩子，我媽是我最大的貴人，不管我出了什麼事，她一定先挺我，回家以後再慢慢算總帳。唯一令她最不滿的是：講髒話這件事。我媽說大約在我三歲那年，家還住在迪化街報社的大雜院裡，一日我家用人不准我出去

甜美的笑容裡，烈火一般燃燒的青春。

玩，我竟然罵人家：妳娘XXX。聽得大人們驚惶失色，罰我跪在門口好久。

怎知長大以後，我仍「麻木不仁」，粗口依舊。

其實我也曾經困擾過，也很願意誠懇面對這事：我想，髒話於我，無非是一個青春的印記，一種以暴制暴的情緒符號，甚至是一種熱烈演出吧。不過近年受到New Age王姊的感召，收斂了不少暴戾之氣，雖然脾氣仍然不好，修養依舊欠佳。所以無論是在文章或留言裡有得罪諸君之處，猶望見諒，也請不吝告訴我，我一定勇於認錯。

食物是連結情感和記憶的引線，
某道菜的菜香裡常常埋伏著回憶的線索。

簡單上手，12道家常開胃菜

下廚沒那麼難
忽媽以累積半世紀的烹飪功力
教大家幾道簡單好做的家常菜
苦而回甘的肉末苦瓜
薑香繚繞的三杯雞、三杯花枝
噴香麻婆豆腐
開胃魚香肉絲

下廚當天記得多煮幾碗飯來配

肉末苦瓜。酸江豆炒肉末。雪菜筍絲。油燜筍。麻辣蘿蔔。
麻婆豆腐。三杯雞。三杯花枝。自煉辣油＋紅油辣雞腿。
蒜苗臘肉。魚香肉絲。涼拌粉皮

12道家常開胃菜

苦苦一片瓜

豆豉和絞肉提升苦瓜的素質，
苦苦的瓜經過這番整治，變得多滋多味。

我愛甜食，不愛吃苦，所以年輕時不曾喜歡過苦瓜。試想，苦苦的瓜，怎麼會好吃？

開始練習吃苦瓜，是在結婚之後，外子帶我上餐廳，點了一道苦瓜，他半哄半騙：「妳試試，苦瓜根本不苦。」

我抱著姑且一試的心情，吃了一片苦瓜，嫩如白玉的瓜沒有辜負它的名字，入口還是苦的，只是它的苦幽微淡隱，在舌尖一閃而過，很快變成回甘。

我雖然沒有因此愛上苦瓜，卻開始學著用另一種方式欣賞苦瓜之美。詩人余光中曾寫過一首詩吟誦白玉苦瓜：

「似醒非醒，緩緩的柔光裡／似悠悠醒自千年的大寐／一隻瓜從從容容在成熟／一隻苦瓜，不再是澀苦／日磨月磋琢出身孕的清瑩／看莖鬚繚繞，葉掌撫抱／那一年的豐收像一口要吸盡／古中國餵了又餵的乳漿／完美的圓膩啊酣然而飽／那觸覺，不斷向外膨脹／充實每一粒酪白的葡萄／直到瓜

尖，仍翹著當日的新鮮……」

苦苦的瓜透過詩人的眼睛，寫下不朽生命：

「在時光以外奇異的光中／熟著，一個自足的宇宙／飽滿而不虞腐爛，一隻仙果／不產在仙山，產在人間／久朽了，你的前身，唉，久朽／為你換胎那手，那巧腕／千眄萬睞巧將你引渡／對笑靈魂在／白玉裡流轉／一首歌，詠生命曾經是瓜而苦／被永恆引渡，成果而甘」。

此後，我在市場蔬菜攤上看到白玉苦瓜，總會多看它兩眼，苦瓜的果實飽滿圓潤，有玉的通透質地，一顆顆像奶白色的巨鋒葡萄，潔白渾圓，在一片綠意的青菜中，放出溫潤光芒。

有人形容苦瓜是「半生瓜」，指能夠真心愛上苦瓜的人，多半已在人生旅途上嘗遍酸甜苦辣，因此反而能領會先苦後甘的美妙。

年過半百之後，我依然嗜甜，倒是對苦不再像年輕時那麼排斥，讓我心甘情願愛上苦瓜的，是四川籍史媽媽教我做的肉末苦瓜，她藉豆豉和絞肉提升苦瓜的素質，再請來辛香料提味添香，苦苦的瓜經過這番整治，變得多滋多味，苦混於其中早已吃不出苦，好像我們在生命中吃過的苦，最終都會在歲月中沉澱成甘。

肉末苦瓜

材料

- 絞肉150公克
- 白玉苦瓜2條
- 蒜2瓣
- 薑1片
- 蔥1支
- 紅辣椒1條

調味料

- 豆豉2湯匙
- 醬油少許

備料

1 苦瓜去籽，切薄片，用滾水汆燙後，用手略擠去水分備用。

2 蔥薑蒜及辣椒分別切末。

烹飪

起油鍋，放下絞肉和豆豉拌炒，炒到7分熟時，放下蔥薑蒜末及辣椒，炒出香氣，放下汆燙過的苦瓜片和少許醬油，拌炒入味。

冰箱常備開胃三品

想要隨時開飯，冰箱裡切記準備以下這幾道常備菜，取出就可以食用，不加熱也好吃。

酸江豆炒肉末

材料

- 絞肉150公克
- 酸江豆600公克
- 辣椒2條

備料

酸江豆和辣椒分別切丁。

調味料

- 白醋1.5大匙
- 砂糖2茶匙
- 鹽適量

烹飪

起油鍋，先炒絞肉，炒散之後，放下酸江豆、辣椒拌炒，淋下白醋、糖，拌炒均勻之後，試一下味道，依個人口味喜好，酌量添加鹽和糖調整味道。

叮嚀

1 口味是很個人的東西，雖然有食譜，但起鍋前一定要試試味道，依照個人的口味再做調整，下調味料的時候，不要一次下太多，因為味道一旦過頭就不好救了。

2 一次炒好大量的酸江豆冰在冰箱，任何時候要吃隨時可以取出，無論配稀飯、拌麵或帶便當都很方便，冷吃熱食皆宜，它是很理想的冰箱常備菜。

雪菜筍絲

材料

- 雪菜600公克
- 筍絲300公克
- 紅辣椒絲2支

調味料

- 鹽
- 糖各適量

備料

辣椒切絲。雪菜洗淨，切末。

烹飪

起油鍋先炒筍絲，炒到全熟之後，放下雪菜和紅辣椒絲迅速拌炒一下，試一下味道，依個人口味喜好酌量加糖及鹽調味。

教你醃雪菜

小芥菜600公克，洗淨後陰乾菜葉上的水分，取一個塑膠袋，一層菜葉、一層鹽巴均勻撒好，隔著塑膠袋搓壓，使鹽巴和小芥菜充分混合。封起袋口，醃12小時，隔天見小芥菜軟化就是雪裡紅了。

叮嚀

市場買的雪裡紅怕食不安心，最好還是自己做。雪裡紅的醃法很簡單，一般人都可以輕鬆上手。

炒雪裡紅切記不要過熟，一方面顏色變黃了不好看，另方面脆度和小芥菜獨有的嗆辣味會因為過熟消失，這樣就失去吃雪裡紅的趣味了。

207　雪菜筍絲

油燜筍

材料

- 桂竹筍600公克
- 紅辣椒5條

備料

筍切段，水煮20分鐘後撈起備用。

調味料

- 醬油1.5湯匙
- 砂糖1湯匙
- 烏醋少許

烹飪

炒鍋中放油，因為筍吃油，油量可以多一些，把燙好的筍放入鍋裡，加醬油、二砂糖燜煮入味，臨起鍋前加入少許烏醋。

叮嚀

醬油和砂糖的量可依個人口味略做調整。

12道家常開胃菜

麻辣蘿蔔

這道麻辣蘿蔔是我自創的小菜，當初是為了消化過多的蘿蔔皮，沒想到醃蘿蔔皮吃來特別脆口，深受客人歡迎。

材料

- 蘿蔔1顆
- 花椒粒1把
- 紅辣椒2根

調味料

- 醬油
- 糖
- 白醋

備料

1 蘿蔔連皮刷洗乾淨，先用刀削下厚厚一層外皮（帶著部分肉）。
2 剩下的蘿蔔切小滾刀塊。
3 辣椒切段。

烹飪

1 在炒鍋中放下較多量的油，略略加溫後，放下一大把花椒粒，轉小火，待花椒香氣釋出立刻熄火，千萬不要讓花椒變黑變苦，濾去花椒粒。
2 用花椒油先炒辣椒段，然後倒下蘿蔔皮拌炒兩下，放下醬油、糖和白醋，再把剩下的蘿蔔肉全倒入鍋內，拌炒兩下就可以熄火，放涼後冰入冰箱保存一夜，隔天吃脆口又香甜。

叮嚀

我教許多人做過這道麻辣蘿蔔，重點在蘿蔔皮要先炒一下，目的在去除嗆辣，但不要炒太熟，否則蘿蔔的甜味流失了，醃蘿蔔就會暗然失色。
醃好的蘿蔔一定要在花椒油裡泡一晚上，等它入味，隔天吃每一口蘿蔔都脆口香甜。

忽忽說菜

誤打誤撞的麻辣蘿蔔

忽忽◎文

說起這道麻辣蘿蔔皮，還真是誤打誤撞而來。

這是當年忽媽媽的牌友小樓阿姨教忽媽媽做的。然而小樓阿姨做的是麻辣黃瓜而非蘿蔔皮，之所以做成麻辣蘿蔔皮實在是餐廳裡的蘿蔔用量太大，每天一、二十斤，忽媽媽看了可惜，便姑且一試，不料一試之下卻是一鳴驚人，當場變成最受歡迎的下飯小菜，客人愛得不得了。

蘿蔔皮跟湯、飯一樣，在人山是自取，隨客人吃到高興，常有客人是右手一碗飯，左手一碗蘿蔔皮，吃他一口飯配他一口蘿蔔皮，吃得不亦樂乎，不知寒暑。

每當有客人跟忽媽媽抱怨：「哇！又是蘿蔔湯。」的時候，忽媽媽就回答：「不喝蘿蔔湯，那也就沒有蘿蔔皮囉！」抱怨的客人立馬住口，乖乖地吃他的蘿蔔皮去。

此外，忽媽媽做的麻辣苦瓜也是一級棒，連我也會做一個白玉苦瓜呢！

眼看夏天到了，我計畫研發幾款風味絕佳的忽氏泡菜，與大家共同抗暑消火一下，各位有什麼想吃的、或吃過的，懷念不已的泡菜，不妨說來聽聽，說不定可以加入忽忽味菜單喔！

麻婆豆腐

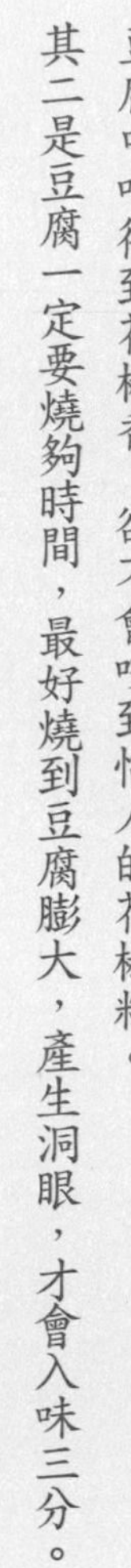

麻婆豆腐是很有代表性的川菜，用料家常，做法不難，開胃效果非常好，堪稱下飯菜的榜首。燒好這道菜有以下兩個關鍵點：

其一是先煉花椒油，只用有花椒香的油入菜，豆腐中吃得到花椒香，卻不會咬到惱人的花椒粒。

其二是豆腐一定要燒夠時間，最好燒到豆腐膨大，產生洞眼，才會入味三分。

材料

- 絞肉150公克
- 豆腐1板
- 蔥2支
- 蒜2～3瓣
- 薑2片
- 花椒1把

調味料

- 醬油1小匙
- 糖半茶匙
- 辣豆瓣醬1湯匙

準備

1 豆腐切塊。
2 青蔥切蔥花。

烹飪

1 炒鍋裡放1.5湯匙的沙拉油，以中小火加熱，趁油溫尚未拉高前，放下花椒粒，香氣出來後，撈起花椒粒。
2 用鍋裡的花椒油炒香豆瓣醬，放下絞肉炒到熟了，放下豆腐及2杯水，加入醬油和糖，加蓋以中小火燒10～15分鐘。
3 看豆腐燒得膨大起來，試一下味道，如果不夠鹹再酌量加鹽，如果鍋裡湯汁仍多，可以加少許太白水勾芡，起鍋前撒下蔥花。

叮嚀

豆腐不宜切太大塊，太大難入味；也不宜太小塊，太小易碎，不小心就變成豆花，我覺得比較理想的大小，是兩格豆腐（板豆腐）切成3塊。

三杯雞

三杯雞是道地下飯菜，也是家常易做不容易失敗的菜餚，
麻油薑香混合著雞肉的鮮味，加上九層塔香引路，誘人胃口大開。
我在三杯雞裡，另外加了杏鮑菇和豬血糕，
吸附了湯汁之後比雞肉更美味。

材料

- 帶骨大雞腿1隻（或1/4隻雞）
- 杏鮑菇2朵
- 豬血糕1塊
- 大蒜8～10瓣
- 薑片12～15片
- 九層塔1把

備料

1 雞腿剁塊。
2 豬血糕切小方塊。
3 杏鮑菇切滾刀塊。

調味料

- 醬油3湯匙
- 米酒3湯匙
- 麻油1湯匙
- 糖2茶匙

烹飪

在鍋裡放入麻油，將薑片放下爆香，放下雞塊翻炒到變色之後，下酒及醬油、糖，煮到滾開，把豬血糕、蒜瓣放下，蓋上鍋蓋，轉中小火煮到收汁，起鍋前下一把九層塔，翻拌一下就可以起鍋。

12道家常開胃菜

三杯花枝

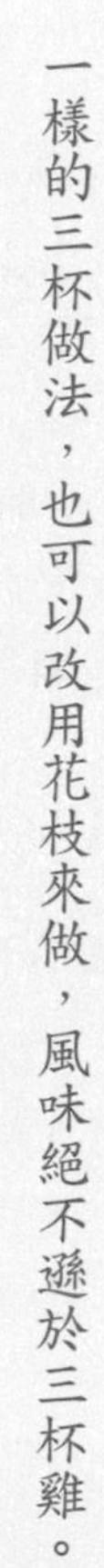

一樣的三杯做法，也可以改用花枝來做，風味絕不遜於三杯雞。

材料

- 花枝1隻
- 筍1支
- 杏鮑菇3朵
- 蒜頭7～8瓣
- 薑片10片
- 辣椒1支
- 九層塔1小把

調味料

- 麻油1湯匙
- 醬油1湯匙
- 米酒1湯匙
- 糖2茶匙

備料

1 花枝切小段。
2 杏鮑菇切滾刀塊。
3 筍切片。

烹飪

在鍋裡放入麻油，將薑片爆香，下筍片、杏鮑菇拌炒一會兒，放下調味料煮至滾開，下花枝拌炒一下，放入辣椒，燒到花枝熟了，臨起鍋前撒下九層塔。

自煉辣油+紅油辣雞腿

做菜真的沒那麼難，這道紅油辣雞腿，是我跟廚房菜鳥拍胸脯保證，成功率高、失敗率低，絕對一試就會做的美味家常菜。

紅油辣雞腿

材料

- 雞腿1隻

調味料

- 醬油1湯匙
- 蒜頭3瓣
- 白醋半湯匙
- 糖1茶匙
- 紅油適量（紅油煉製法請見223頁）

備料

1 蒜頭切末。
2 調味料預先拌好。

烹飪

雞腿肉蒸熟，剝成雞絲，淋上調味料。

自煉辣油

做法

在碗裡放一把花椒、紅色辣椒粉。另外在鍋裡燒熱葵花油，到攝氏120度左右時熄火，趁熱沖入碗裡，激盪出花椒和辣椒的香氣。

叮嚀

1 雞腿下可以墊黃瓜絲或高麗菜絲，這款醬汁拿來拌蔬菜或麵條都非常好吃。

2 除了雞肉，也可以選用白灼五花肉或燙熟的梅花肉，搭配這個醬汁拌來吃。

蒜苗臘肉

冬春之交，看到放在料理台上的蒜頭紛紛發芽，就知道吃青蒜的時節又到了。青蒜是蒜頭發長的青苗，具有蒜的香辣，青葉綠而鮮嫩，蒜白飽實白潔，配著臘肉同炒，滋味分外美好。

材料

- 青蒜300公克
- 臘肉150公克
- 茭白筍3支
- 紅辣椒3條

調味料

- 醬油半湯匙

備料

1 臘肉蒸熟切片。
2 青蒜切長段。辣椒切長段。
3 茭白筍切片。

烹飪

起油鍋，放下臘肉片拌炒，香氣透出來之後，下茭白筍片及醬油拌炒，再放下蒜白、辣椒，拌炒均勻，最後放下蒜青，拌炒到熟，起鍋前試一下味道，若覺得不夠鹹再加鹽調味。

12道家常開胃菜

魚香肉絲

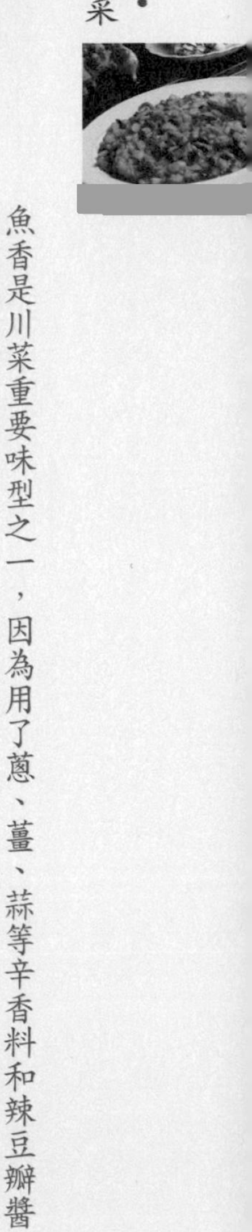

魚香是川菜重要味型之一，因為用了蔥、薑、蒜等辛香料和辣豆瓣醬，使菜餚呈現出鹹、酸、甜、辣、香、鮮的魚香味，但其實食材中並沒有用到魚鮮。

魚香肉絲就是魚香味最有代表性的菜餚，做好這道菜除了要掌握好調味外，材料需要細切也是一個關鍵。

材料

- 肉絲300公克
- 刈薯200公克
- 黑木耳1小朵
- 蔥2支
- 大蒜3瓣
- 薑4片

調味料

① 肉絲醃料
- 蛋白半顆
- 醬油1小匙
- 米酒1小匙
- 太白粉1大匙

②
- 辣豆瓣醬1大匙
- 醬油半湯匙
- 砂糖1湯匙
- 白醋1湯匙

備料

1 肉絲用醃料抓拌入味。
2 黑木耳泡水直到軟化，切小丁。
3 蒜、薑分別切末；青蔥切蔥花。
4 刈薯切小丁。

烹飪

起油鍋，放下肉絲、蒜末和薑末，炒到肉絲變色，放下辣豆瓣醬拌炒出香味，見肉絲八分熟時，放下刈薯丁、黑木耳丁拌炒，隨即放下醬油、砂糖和白醋，拌炒均勻，撒下蔥花就可以起鍋。

涼拌粉皮

夏天時我們家如果要請客，一定會準備一盤涼拌粉皮，
可以單純當成涼菜，也可以做為主食之一。
調醬中芝麻醬香和蒜泥，很容易把客人的胃口打開，
無論是單純的涼拌黃瓜粉皮，
或是搭配上雞肉或肉絲的雞絲（肉絲）拉皮，在餐桌上都非常討巧。

材料

- 小黃瓜3條
- 粉皮2包

調醬

- 芝麻醬2湯匙
- 白醋2茶匙
- 醬油2茶匙
- 糖2茶匙
- 蒜泥1湯匙
- 白麻油2茶匙
- 山葵適量

做法

1 芝麻醬用少許涼開水先調開，

2 再將其他調味料加入拌勻。
黃瓜刨絲。

3 乾粉皮用冷水浸泡10分鐘，放入滾水煮10分鐘後，撈起放入冰開水浸泡，撈起瀝乾水分。

4 在盤中排入黃瓜絲，放上粉皮，食用前淋上調醬，拌勻即可食用。

叮嚀

要做雞絲拉皮，只要準備一個雞胸肉，燙熟後拆絲鋪在粉皮上。或也可以用豬肉絲，抓少許太白粉下油鍋炒熟，鋪在粉皮上。

Part 4

少不了甜

冬至，謝幕。

民國九十八年十二月二十二日，冬至。

像大部分冬至那天一樣，這一天的天氣陰鬱幽暗，雲層又厚又重，整個城市籠罩在一張灰色的網裡，一天裡，忽忽打了好幾個電話給我，說的都是不什麼重要的事，最後一通她在電話那頭告訴我：「媽，我剛剛吃了三顆湯圓，我五十歲了耶。」

彼時她剛忙完舞台劇《愛錯亂》，好不容易可以稍稍休息一下。忽忽年少就愛演戲寫文章，曾經是蘭陵第二期演員，離開劇場工作十多年之後，這一年她參加創作社的《愛錯亂》演出，穿著粉紅睡衣在舞台上演一個專寫情色小說的作

家，忽忽很喜歡這個極具挑戰性的角色，舞台劇在十一月底演出後好評不少，劇組有意在隔年年初再加演幾場。就這樣在剛結束的舞台劇和即將加演的忙碌之間，忽忽偷得一點空閒，她想利用來寫書，把忽忽味的菜和人山的故事寫下來。網路上的忽忽味生意也日有起色，一切看來正要否極泰來。

晚上九點多，我接到一通電話，電話中有人告訴我：「女兒出車禍了！」

那段時間謊稱孩子出事的電話詐騙特別多，我直覺那是一通詐騙電話。接下來，這一類通知出事的詐騙電話又打來兩三通，我依然相應不理，只是覺得奇怪今晚這些騙子怎麼如此鍥而不捨?!

晚上十一點，報社記者打來電話，問我：「林媽媽妳一個人在家嗎？有沒有家人陪在旁

邊？」然後記者在電話那一端告訴我這個噩耗：「忽忽在淡水被摩托車撞了，已經送到馬偕醫院，目前昏迷不醒。」

忽忽在馬偕加護病房躺了五天，我去看她，她躺在病床上，看來就像睡著一樣。醫院判斷她是被撞的那一刻倒下，造成腦出血嚴重，昏迷指數3。醫生說即使清醒，情況也不樂觀，「恐怕也是植物人了。」加護病房的醫生如此告訴我。

朋友紛紛在網路上為忽忽集氣，很多人跑來醫院幫她加油，握著我的手安慰我，我不斷告訴他們：「人好脆弱好無常，我知道了，請大家為她祈禱。」

但最終我們沒有等到奇蹟，我的女兒始終沒有醒來，她永遠睡著了。

永遠的貓天使

忽忽在餵貓的路上被摩托車撞倒，醫生說她應該一倒下去就失去意識，這麼多年來我偶爾會好奇，她倒下去那一刻，腦袋裡在想些什麼？父母？舞台劇？未竟的小說？還是那一大群像寶貝一般呵護的街貓？我相信答案會是後者，因為她的確為了街貓傾其所有。

忽忽三十八歲時搬到淡水老街居住，感情豐富的她很快跟流浪在街頭小巷的貓咪建立起情感，不但家裡陸續收養了八隻街貓，她還擔心那些在街上流浪討生活的貓咪會餓肚子，天天帶著食物大街小巷餵貓，越餵範圍越廣，逐漸建立起一條餵貓路線。

這是一條她每天至少都要仔細巡一回的路線，從淡水河邊到渡船口，再到榕堤後的停車場周邊荒草地，忽忽像帶著禮物的聖誕老公公，每天定時背著貓罐貓乾糧還有飲水，走到每一個餵食定點，備好食物和水之後，輕聲呼喚那些她熟如家人的貓咪：馬殺雞、馬二、馬三尖、馬小三……，確保牠們

都吃到食物，然後才轉往下一個定點。這樣的餵貓儀式，每天都要進行，尤其碰到颱風來臨、寒流上門，忽忽怕街貓們受凍挨餓，更是每隔一小時就出門巡一遍，我深信她被撞到那天，就是因為冬至寒流過境讓她餵貓心切，以致沒有注意到擦身而來的機車。

餵街貓不容易，因為有人並不贊同這樣的餵養舉動，甚至只因為流浪貓發情嚎叫，就嚷著要殺貓。我那一腔熱血的女兒，這時候就會發揮俠女精神搶救遇難街貓，有人膽敢當著她的面追打貓咪，她氣到跳起來揪著那人：「我告你虐待動物，違反動物保護法！」

曾經，經淡水志工自費結紮又放回的TNR街貓（註），因為有人向鎮公所舉發，在一個月內被清潔大隊清除一空，等愛貓志工趕到動物收容所的時候，很多貓都已經被撲殺掉了。忽忽噙著淚為街貓請命，一群愛貓人士集合在淡水「有河book」，請來周錫瑋縣長（當時台北縣仍未改制為新北市），希望爭取讓街貓變成淡水最有人情味的風景。會後，忽忽興奮告訴我：「周縣長答應即日起淡水停止捉貓，並嘗試將街貓納入淡水觀光產業的一環。」

但流浪生活畢竟風險太多，對貓懷有敵意的人或狗，都有可能造成牠們的不測，忽忽除了擔心街貓三餐，也經常要面對牠們的疾病和受傷，餵貓時日一久，每一隻街貓都在她心底烙下印記，那一隻貓會在那裡出入，她細數如家珍。如果那一天出去餵貓的時候，沒有見著某一隻貓，她便著急尋找，怕牠受傷，更怕牠遭到毒手。

有時候她會告訴我自己又救了那一隻街貓，開刀費就要一萬塊，我擔心只靠寫作微薄收入的她無力負擔，也擔心她對街貓付出太過，多次開口要她搬回新店居住，她總不肯，有時候爭執起來，她就怪我管太多，又笑說我愛吃街貓的醋。

我豈是這麼小氣的人？我是擔心總是付出太多的女兒，只知一股腦兒掏心掏肺，最後忘記好好照顧自己啊！

忽忽走後，朋友們為她舉辦了一個告別式，我們沒有發訃文，也決定原諒無心肇禍的淡江張姓大學生。那一天許多藝文界的好友不約而同到場致意，周錫瑋縣長也允諾將在淡水河畔，為忽忽和她的街貓馬小三設立雕像，紀念這位永遠的街貓天使。

註：TNR—Trap誘捕、Neuter絕育、Return原地放回，是進步國家對街貓的人道處理方式。

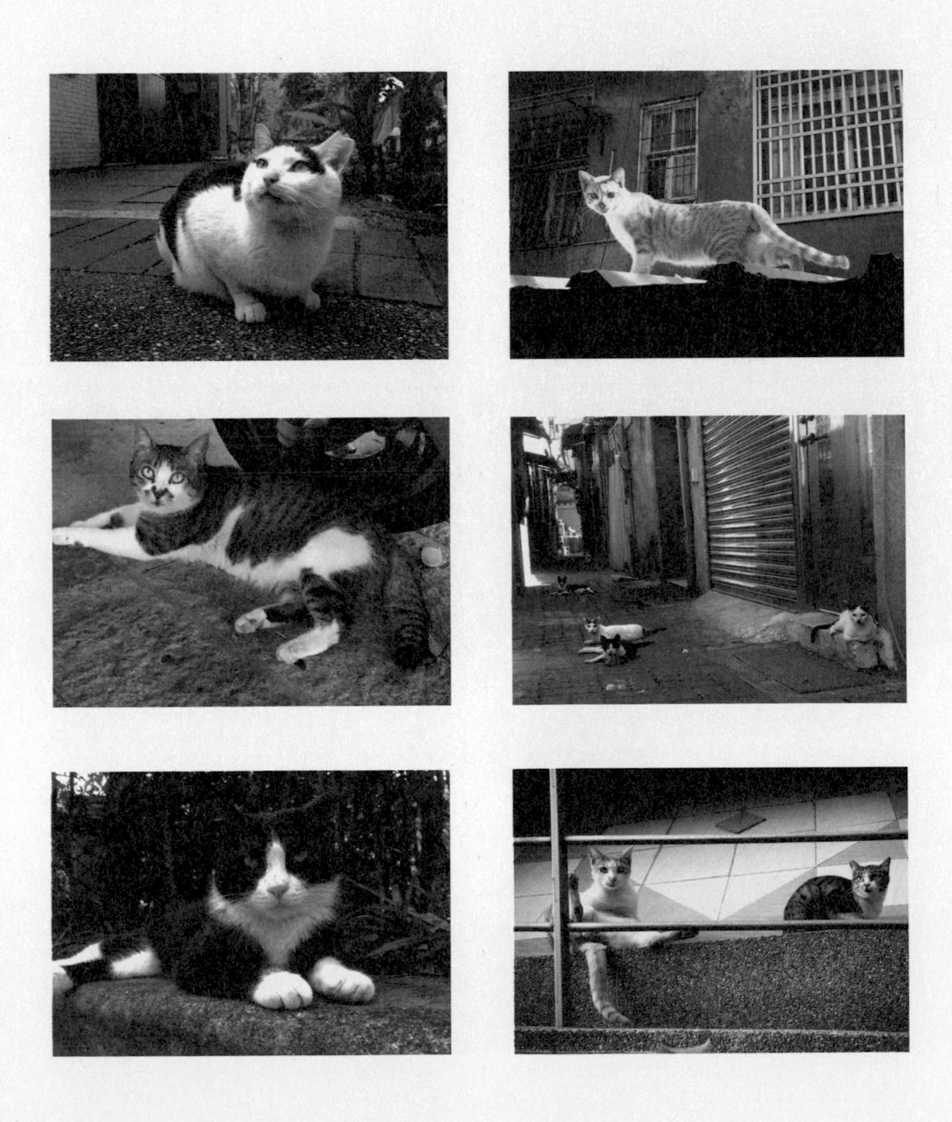

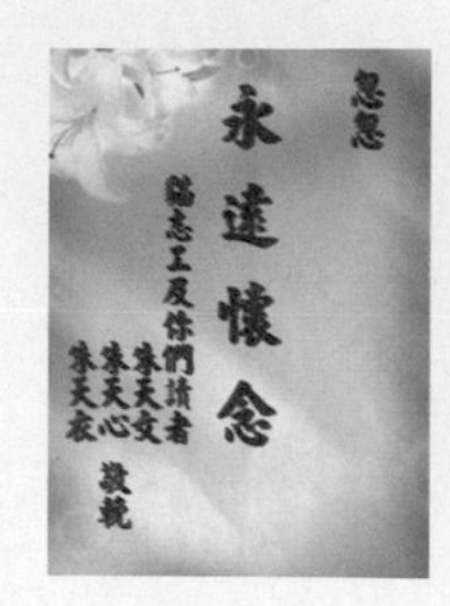

忽忽過世後，蘇聖傑、王瓊賢、朱天心、朱天衣姐妹等一群貓友，開始串連奔走在淡水河畔為忽忽立像一事。周錫瑋請縣府顧問謝秀棋全力協助，雕塑家王秀杞應允承製，塑像經費一百五十萬元也由某企業家應允全額捐出。

作家朱天心為《忽忽和馬小三》書寫紀念短文，作家張大春以書法字寫下，再鑄成銅牌立在雕像前：

「馬小三是淡水眾多平凡街貓中的一隻，生年不詳，也不知所終。
為牠及其他街貓們命名、記錄牠們的故事，替牠們爭取生存機會的是忽忽。

忽忽，本名林維，出生於一九六〇年，是作家也活躍於藝文劇場，她和其他志工們長期默默照護街貓、餵食、絕育、醫療，才有今天貓兒悠然於堤岸的美麗和諧的風景。
忽忽於二〇〇九年終的寒流夜，餵食街貓時遭到嚴重車禍失去生命，真是保護流浪動物的英雄壯烈戰死沙場的寫照。

我們留下她尋常例行的餵貓身影，紀念一段人對其他生靈的尊重和高貴的實踐。」

忽忽淡水貓地圖

街貓的故事

忽忽◎文

二〇〇九年十月，透過愛貓作家隱匿介紹，聯合報繽紛版與淡水街貓守護者忽忽聯繫上，邀她為新年度《動物鼻子》專欄撰寫一系列貓咪故事。忽忽欣然答應，並回了一封簡信：「我有一個出淡水貓書的計畫，暫名為《忽忽淡水貓地圖》，是我這四年來在淡水餵街貓的故事……」

十二月七日，她寄來第一篇稿子，繽紛版編輯們正引頸期待她的第二、三……篇文稿，沒想到卻傳來她十二月二十七日因車禍過世的消息。動人的開篇，不得不成為美麗的句點。

還好忽忽的電腦裡還留下一些已寫但未發表的街貓故事，為那些流浪在小河岸邊的動物留下雪泥鴻爪。

土地廟

「土地廟」是我的第一隻街貓，白底灰背，嘴邊有顆美貓痣，住在河邊土地廟附近，吃起飯來又快又猛，像挖土機，用鏟的，吃不夠還會「要要要」的叫。

圖片摘自忽忽味部落格

每天早上天微亮時牠已坐在老地方等我。老遠見到我便快樂地翻肚打滾，呼嚕個不停，我走時牠更演出十八相送，人貓兩個走了又回，回了又走，依依不捨。

我們相處了兩個月，每天清晨，當天際還是粉紅色時，水鳥飛過潮水拍岸。牠靜靜坐在我腳邊，偶爾拿頭蹭我的腳踝。因牠身上總是有傷，想必日子不好過，所以我動過收養牠的念頭，但卻遲遲沒行動，直到有一天，我突然找不到牠了。

沿著河岸我大喊：「土地廟你在哪兒啊？」五天後，鄰居告訴我別找了，牠走了。

土地廟有一種哀愁的眼神，每當牠看著我離去，決定不再看我而掉過頭的那一剎那，都讓我心好痛，每次我走前一定跟牠說：「乖乖！姨明天再來秀秀你。」

沒想到那麼快就沒有明天了。

最後那一面，牠不吃不喝，只是靜靜趴在我腳邊。我抱起牠往我家走，走了一段路，牠突然掙扎逃掉了，我也沒有堅持。當然我可以安慰自己，牠的離去是牠自由意志的選擇，而我，可以選擇繼續愛牠，而非對肉體形式的執著。

我懂，可我做不到；只因我心裡有個洞，不停地流著痛。但我也懂，痛，即是愛的背影，走過痛，我才有資格照顧更多的街貓。親愛的土地廟，是我街貓生涯的第一課。

（原文刊載於中華民國九十九年一月五日聯合報繽紛版）

好貓列傳忽小白

我一直相信，即使是貓，每一隻都有牠的獨特及靈性，其實已超越我們人類概念制約性的瞭解，我們家忽小白在被我收養之前，是河岸的流浪貓，有一個老人固定餵食，而河岸有個老人會，是附近老人聚集的地方，忽小白就住在裡面。

每天早上附近的老人們都會在老人會前的黃槿樹下聊天，包括了餵食小白的老人。忽小白每天早上會去老人家門口等老人出門，陪老人散步到老人會，等老人聊完天餵完貓餵完鳥再陪老人回家，老人進門以後猶在門口戀戀不捨地徘徊。

日復一日。

當我聽到這個故事時我真是眼淚都掉下來了，所以老人要我帶牠回家時我一口答應；老人是太愛牠，不忍牠在外流浪被欺負，才做出這個決定的，一隻小貓身上有這麼多的愛，我想：這樣有情有義的貓，我起碼能盡一點力給牠幸福吧！

圖片摘自忽忽咪部落格

機車俠女救貓記

那天晚上十點多，我從淡水有河book為人占完星，正走在回家的路上，鄰居吉兒打電話給我，說是有隻小貓困在大水溝裡，哀號不已，一旁的母貓急得一直哭，叫我趕緊拿手電筒去看看能不能救出小貓。母貓也是我們從小餵大的卓小美，是隻銀灰色的美短，漂亮極了，然而不是太親人，我到現在都沒摸過她。

我趕去的時候，吉兒說已經通知了貓狗救生隊，但要等一個鐘頭才能到。然而卓小美和小貓叫得越來越悽厲。我和吉兒只能束手無策地站在路邊等，大水溝連著附近的排水道，又濕又暗又污濁，我的手電筒根本不濟事。一個多鐘頭過了，卓小美哭得好慘，聽得我都忍不住哭了。

此時吉兒突然想到去隔壁還未打烊的機車行借更大的手電筒，不一會兒來了四、五個年輕男女，其中一個嬌小的女孩是機車行老闆娘，我跟她好幾次在路邊討論流浪貓的事。我非常記得她。她是個漂亮又好心的女孩。

女孩用手電筒照到了小貓的位置，二話不說，兩腳套了大塑膠袋搬了個梯子就下大水溝去救貓。把我和吉兒都看傻了，我們只會在旁邊乾著急。女孩卻一句廢話都沒有，以行動表達。

整個過程非常戲劇化，女孩涉過大水溝，一下就抓到了奄奄一息渾身濕臭的小貓，把小貓帶回機車行，好好洗了個澡並抓出數十隻跳蚤，然後餵飽小貓。可是沒人能收養小貓，家裡能養貓的都已經到了極限，商量的結果只好把小貓放回原地還給貓媽媽。

我抱著尚在發抖的小貓找了半天終於找到母貓，我還有點害怕卓小美因為小貓洗了澡氣味不再，因此不要小貓了，但那時候不洗小貓會凍死啊！還好，小美只是嗅半天，終於還是把小貓帶進牠們的窩裡，完成了這一晚上的俠女救貓記。

圖片摘自忽忽味部落格

愛上貓咪的這陣子

在我愛上貓咪的這陣子，同時我也在想那麼人呢？我是如此自覺對人的益發冷淡，或說選擇性的冷淡、條件式的熱情。如是一來，自然難免於對人還是有太多的但書和批判，我的生活裡只能有類似每天早散步時會遇到的阿公阿嬤，其他的，例如朋友般的距離，也只能像吃法國菜似地久久一次。說起來，冷淡緣於自小的過早自覺，但是反差的熱情並未因此消失，它只是換一種形式。

這幾天我也一直在思索死亡和肉體後的情緒架構，我企圖俯視情緒，然後說：是了，我知道是怎麼回事了，莫大莫過於形式與本質的區別，彷彿接近於我將趨近的象限。我驚訝地發現，除了家裡的貓哥貓妹，我對海邊的貓們也是如此的耐心與鍾愛，當然也難免有分別心。

例如我就很不喜歡大臉黃，每次餵牠吃東西都被牠抓傷，氣得我想揍牠，所以我也只碰過牠三次。土地廟我每天都去看牠，牠也準時地在附近等我，隔壁有一隻狐狸狗叫擠米，最愛咬土地廟，每次都把土地廟追到樹上喵喵叫。有一次我氣得大罵擠米，牠的主人在旁邊都傻了，後來才把擠米綁起

圖片摘自忽忽咪部落格

來，讓我好好地餵土地廟。

土地廟死去的消息是擠米的主人看我在海邊找了五天，才忍不住告訴我，他說土地廟死在地下室，發現時都已生蛆了。我聽了忍不住當場嚎啕大哭，土地廟跟money的命運一樣，也等不到我的新家。但為什麼我現在的家不能容下牠呢？給money買的大骨頭還在冰櫃裡，土地廟百來張的照片躺在我的my picture裡，肉體卻沒有了，相聚的時光也沒有了。但有些東西，譬如說記憶，卻越來越強悍。

見土地廟的最後那一面，分離的預感好強啊！牠病得好重了，連著三天都沒吃東西，只喝了一點水，牠只能躲在陰影裡，而我還是不停地替牠拍照，現在回想起來，我好殘忍！

這幾天我一想到土地廟就淚眼汪汪，牠是如此真實甜美卻又無常，對我而言，牠就是本質與形式的選擇。因為牠，我選擇了本質，那便是愛。雖然它那麼短暫無常，短暫是形式，無常亦然。

當我窺見了時間的祕密，我便對它無所懼怕，沒有肉體沒有執著，是小土地廟給忽忽姨最大的禮物：那就是愛，是自由。

淡水街貓事件始末

事情應該是從八月二十八日我在blog上po上一篇文老人會的屠殺開始的吧!!

接下來小賢在她的blog上po上一篇「如果淡水老街沒有貓，那還叫淡水嗎?」一文後，開始了沸沸騰騰的討論與聲援。其間聯合報的曾懿晴及news98阿貓阿狗逛大街相繼報導，更讓這個議題聚焦，貓友們不斷地寫信給淡水鎮鎮公所、台北縣政府甚至總統信箱，得到的回應卻令人灰心與憤慨——依然是公部門一貫的敷衍了事與官腔官調。

爾後，淡水捕貓事件的漫燒，連作家也是貓志工的朱天文、朱天心聽聞後都心生不忍，決定聯合藝居淡水的作家舞鶴及愛貓的運詩人，由貓草天空和台灣認養地圖的KT幫忙統籌，於十一月八日在「有河book」發起一個名為搶救淡水倖存貓的活動。更邀請了周錫瑋縣長到場參與，分享我們多年來對淡水街貓的感情與故事，並大力說服周縣長要有這個視野，將淡水貓發展成觀光資源。

周縣長當場答應，不但承諾了「淡水不再抓貓」，更交辦縣府底下的民政、觀光、文化及環保四局積極推動，一個禮拜以後，觀光局便與我們接

矛矛攝

圖片摘自忽忽味部落格

洽，討論一些製作方向，無論是影片是宣導上的做法，我們可以感受到周縣長做這件事的認真及魄力。

十一月二十八日，縣府相關人員邀請我們這些淡水貓志工，於始迫害者挪威森林進行會勘，由台北縣防疫所所長主持，經過幾番攻防激辯之後達成以下幾點結論：

1. 北縣環保局已收到縣長公文，要求淡水鎮即日起全面停止捕捉街貓。如鄰里長或清潔隊接到民眾通報，需請民眾以傳真方式留下個人聯絡資料與街貓所在訊息，並均應以「收容所設施正在改善無法捕捉，但可協助以其他方式改善街貓問題」為由委婉回覆，同時通知街貓保護人員聯絡窗口，協助收容所誘捕街貓送至配合動物醫院進行絕育手術，術後再原地放回。

2. 淡水鎮明年度起由專責單位負責收容所的所有工作，不再由清潔隊處理。並編列預算改善收容所設備以及人員的專業教育訓練。

3. 淡水動物收容所應於會議結束後七日內提出報告，說明收容所收容數量上限、貓隻分舍規畫改善時程、誘捕籠出借辦法，並以人道與友善的前提，在與會民間人士監督與協助下，重新規劃貓隻收容作業的標準作業程序細節，將以往的捕捉、收容改為誘捕、絕育、原地放回。

圖片摘自忽忽味部落格　矛矛攝

4.北縣防疫所將責請淡水鎮公所，發文要求商家以減少可食垃圾堆放、垃圾桶加蓋等方式，減少吸引街貓的覓食來改善環境衛生，讓貓不再背負製造環境髒亂的罪名。

5.以捷運站至紅毛城、淡水河岸至中正路圈圍起來的街廓區域，做為推廣淡水街貓觀光文化的示範區域，並在河岸街貓身上放置可供識別的記號，加深遊客與民眾印象。

6.北縣觀光局將拍攝有教育性與故事性的短片共三支，每支三分鐘，記錄淡水河岸貓生動可愛的影像，同時在短片中穿插宣導TNR的觀念，短片將於捷運沿線各站月台上以及淡水河岸、八里左岸等大型戶外螢幕播放。

7.會議內容將於會整後統一發布公文給與會人員。

淡水的街貓很幸運，有這麼一群關心牠們生存權的人為牠們奔走請命，在短期內便有了截然不同的命運，然而感慨亦不免，誠摯希望有朝一日，台灣所有的街貓，都有淡水貓的權利，能有起碼生的尊嚴，不再被當成廢棄物處理，不再被人類自大地決定牠可以生，或者死。

料理人生

媽媽的手

忽忽◎文

忽媽媽中年之後發胖，因為愛吃甜，身材如吹氣球逐漸失控，但她的一雙手始終膚如凝脂。白白胖胖、柔滑如絲的媽媽手，是女兒忽忽心中能幹善巧的象徵，忽忽在部落格上寫媽媽的手，記錄媽媽曾經四十三公斤的往事，笑談之中全是孺慕之情。

記憶中，忽媽媽的手一直是白白胖胖，柔滑如絲。所以前幾天拍到這張照片後，我難過了好久。

忽媽媽的手就是所謂的巧手，不大，但厚實，非但可以變出各種好吃的食物，更是織毛衣的好手——從小到大，我一直穿的是媽媽手打的毛衣。羨煞了我周遭的朋友。

我常常自嘲地想：有這樣能幹的媽媽，女兒只好繼續無能囉。

那天我們包了一百五十個粽子，忽媽媽累壞了。雖然有兩個幫手，但每一個粽子她都要親手來包，因為她怕別人包的不緊實，吃起來口感不對。

忽媽媽是一個太認真太死心眼的人。

圖片摘自忽忽味部落格

自從我們做了宅配以後，母女倆的關係就像坐雲霄飛車，忽上忽下，驚險萬分。過多的語言磨擦令我們疲憊不堪。她好累，我知道也很心疼，但我的累，她卻不想明白。因為她希望我可以搬離淡水，搬到她家附近，可以隨叫隨到。

她甚至要我放棄我的街貓。

我要怎麼告訴她：街貓已經是我生命中的一部分，我已無法放棄了。占有的愛，很難很痛，但天下的母親，不都如此嗎？二十年前我已經逃過一次了，這回，我怎麼能再逃呢？

媽媽已老，我也要老了。

所以啊我祈求老天，趕快讓我的努力得到回報，讓我的宅配生意好起來，賺點錢，給自己和媽媽起碼安穩的生活吧！

也許，忽媽媽就不會那麼沒安全感，也不會跟貓咪爭風吃醋了。

也許，她那雙逐漸乾皺的手，又可以回到白白胖胖，柔滑如絲的樣子。

忽媽媽四十三公斤

二十一腰的往事

忽忽◎文

忽媽媽偶爾情不自禁會說起她四十三公斤二十一腰的往事，每次都被我捉弄半天。我也不是故意要笑我媽，實在是太難以想像她四十三公斤的樣子。有時候暗自檢討時會想，還好我沒有女兒不會有這種悲慘的報應。

大家都知道我媽很會做菜，其實我一直沒時間寫寫她打的毛衣，我有一箱子她手打的毛衣，色彩有的奇異、有的古典：孔雀綠，絳紫配鐵灰，有些袖子很短了，但我仍捨不得丟，帶來帶去好幾年，媽媽的毛衣很隨興，有時候突然從領子上長出一條圍巾，有時候外套沒有袖子，其實就是刻意搭成大披肩似披掛在身上，不管做任何事，她都超有創意的，只要是她喜歡的事，她都發揮了射手座的優勢：異想天開。

根據紫微斗數論命，我媽是破軍命，是男生的話就屬奇格，馬頭帶箭什麼的，最可能的是黑社會老大，而且是很大尾不會被抓的那一種。

生活中她是很有那個氣魄——尤其是命令別人做事的架式，因為畢竟她老闆娘當了二十年，天性加舊習氣，也懶得改了，所以我的頂嘴經常令她不悅，但我的所謂「頂嘴」其實是跟她溝通，有時也必須演一演《娘家》那種煽情的戲路，因為我很討厭她自憐又阿Q的邏輯。所以就想替她解開糾結的點，例如說不要理會別人的閒言閒語（果然八點檔），我反覆告訴她這些不必要的唇舌太消耗我們的生命，我們的情緒不要被別人影響，但是忽媽媽沒辦法，她的個性非常敏感，近乎神精質的自愛，乃因她是看盡祖母兄姊，甚至叔叔嬸嬸臉色長大的小孩。

有一張照片是她和她朋友阿珠兩人手拉手站在鞦韆上對鏡頭微笑，白襯衫，及膝牛仔褲，土土的鬈髮，眼睛晶亮晶亮，超青春超無敵。

照片裡的忽媽媽約莫十五、六歲，還是小孩臉，但手腳好長，好細長，也許就是那個時候四十三公斤吧?!

少不了甜

我從小酷愛甜食，年過半百之後，嗜甜習氣更顯張狂，每一天不吃飯沒關係，但沒有一點「甜頭」，日子便彷彿沒有滋味一樣，是黑白的。

甜是一種基本味覺，酸甜苦鹹鮮五味之一，在文學裡向來是幸福美好的象徵。科學家研究過，人類小小的舌頭上密布了五十萬個味覺細胞，每十至五十個味覺細胞組成花蕊狀的味蕾，我們的味覺感受器就長在味蕾的尖端小孔內。每當甜味食物經過味覺感受器，只要一．四毫秒，神經就會把這個甜味信號送到大腦，甜的感受由此而生，比視覺還快十倍。甜也是舌尖最先感知的味道，現代營養學家更發現，甜味會使人上癮，至於產生機制和更深層的原理，科學家還在探索之中。

我愛吃甜，可能跟自己終日埋首料理有關，菜餚中鮮鹹酸苦辣五味俱全，甜味藏於其中，隱而不顯，因此我覺得應該在生活裡為它獨立出一個味覺舞台，好好享受。我要的甜很簡單，一塊甜甜的燒餅、一顆蜜糯的豆沙粽、一杯沁涼飲料，只要甜味入口，生活中的挫折與不滿便都被撫平。

小雯（右）結婚當天和好友忽忽合影，她們是相識大半輩子的手帕交。

料理台上很多蔬菜都可以提供甜味來源，我覺得洋蔥是其中最特別的一種，初剝開它辛辣嗆濃，甚至可以噴出淚來，只要下鍋深深炒過之後，洋蔥的嗆辣轉為焦糖色的甘甜，融入高湯之中便為湯底增添無限風味。人生也很像剝洋蔥，一層又一層剝開，曾經未解的謎，在剝開後明明白白，偶爾被辛辣嗆出淚來，拭掉之後又可以繼續下去。曾經喜歡算命的我，在人山關門之後，再也不算命了，因為人生的洋蔥之謎已經剝開大半。

忽忽走後，她的八隻貓陸續被人領養，一屋子書有些送給書店、有些義賣掉，義賣所得款項全都交到我的手上，所有這一切都多虧她諸多好友幫忙。我們共同經營的忽忽味，因為她的不告而別，也只好嘎然中止。

前年十月，兒子的生意遇到瓶頸，我的生活費頓失著落，我有些著急，對著忽忽的相片發愁，隔天我接到小雯打來電話，她和忽忽是從少女時代便相識的好友，忽忽走後她經常打電話給我，問候我好不好？

我在電話裡說出我的煩惱，小雯在電話那頭馬上說：「林媽媽妳別急，我們一起來想想辦法！」

掛了電話之後，她馬上找來周遭好友商量，先湊四個人固定每週向我包飯，錢先匯入我的戶頭。就這樣在小雯的幫忙下，我又重新開始了我的宅配事業，由四個人的訂單開始，漸漸越接越多。

小雯幫我在臉書上開了「林媽媽的忽忽味粉絲團」，好友桂姐則幫忙在家接電話收訂單，我的人生至此又打開另一扇窗。人生劇本如此詭譎難測，其中的變化有時候比戲劇更有張力，所幸我從來不怕，因為有食物和愛的力量相伴。

忽忽走了六年多，我從未覺得她死亡，只覺得她去遠方旅行，有心事的時候，我會對著她的相片跟她說說話，感覺她一直陪在身旁。

有時候我會坐上捷運，來到都市最北端的淡水，走到河岸邊的大榕樹下，那裡有忽忽和馬小三的雕像，我坐在樹下聽鳥唱歌，讓微風輕拂臉龐，靜靜享受忽忽和馬小三的陪伴。

忽忽自小便是一個笑容甜美的女孩兒，這麼多年來她的笑容始終留在我心底，成為這一生最少不了的甜。

忽忽離開六年多，

她的笑容一直留在我心底，是最甜的一頁。

時間之輪跑得飛快，人生的離合聚散如雲一般，
一生悲喜似夢一場，唯有記憶留在心底，永遠甜美。

甜美人生

人生滋味太複雜
還好有甜相伴
把相思熬成沙的紅豆粽
咬來藕斷絲連的江米藕
纏綿細膩甜芋泥
好料盡收八寶飯

甜美了五味雜陳的人生

豆沙粽。甜芋泥。八寶飯。江米藕。

忽忽說菜

粽子與黃梅調

忽忽◎文

自己買紅豆來做的豆沙，過程超超超麻煩，但那入口即化的好吃豆沙，可是有錢都不一定吃得到呢！

在我家粽子是零嘴，甚至是當主食吃的。

我家一年四季都有粽子，鹹粽，甜粽，和鹼粽……原來我對這款一點興趣都沒有，直到我媽以香綿濃郁的豆沙做成扎實的內餡，再擱進冰箱冰成琥珀色軟凍狀，哇！那個晶瑩剔透入口之妙啊，真是教人含淚以對無可言喻。每次都吃得我欲罷不能。

我們家，豆沙是自己買紅豆來做的，過程超超超麻煩，我從來沒認真學過，所以當然也不會做。說來慚愧啊，不過我一定會在最短的時間內好好地學，希望有朝一日也做得出那入口即化的好吃豆沙。

直到公視的《誰來晚餐》訪問我媽以後，我才知道我媽什麼時候和為什麼做粽子的來龍去脈。我有時真太自私太粗心了，以為我媽生來就會包粽子，就是一整個獅子座的白目，難怪那天我媽當著我的面突然跟來賓告狀，真是啊，窩裡反得有道理呀！

開餐廳的二十年中，我媽還是沒事就包粽子吃，那時人手多，粽葉一洗二十斤，包好分送朋友親戚，也送幾個給熟客意思意思甜甜嘴，誰知每個客人吃罷都大大驚豔，好說歹說死皮賴臉地要我媽多少賣些粽子給他。怎麼辦？我媽只好又包二十斤，還沒包完呢，又有別的客人也要買，也只好跟著賣，於是包啊包的賣啊賣的，包到最後我媽翻臉，大喊：不包了，累死了。有錢也不肯賺。

實在是每天餐廳一百多個客人的用餐已經夠她們忙了。

至於我媽什麼時候開始包粽子呢？嘿嘿想不到吧，居然是在我出生以前，我媽說那時她還懷著我，住在報社大雜院裡，怎麼端午節還沒到就開始有人送粽子，這家送完那家送，滿桌子不同口味的粽子。要知道我媽是好強的人，這些鄰居送的粽子讓她壓力好大，第二年就學會了包北部粽，跟七號林媽媽學的，果然自己會包了以後，鄰居也就通通不送了。

《誰來晚餐》節目裡也有我們去林媽媽家吃飯的段落，林媽媽八十二了，那天還特別把嘴唇擦得紅通通，笑得我腰都直不起來。

北部古老粽是林媽媽教的，豆沙粽則是史媽媽教的。史媽媽是我媽的另一位烹調老師，教她做川菜。她們家也是我和弟弟從小最愛去的地方，有三個大我們很多的姊姊，都好疼我們。據她們說我小時候超能唱黃梅調，從梁祝到七仙女，邊唱還邊比劃咧，真奇怪我怎麼長大沒去唱歌仔戲呢？我弟弟則是從小就賊，每次犯了錯我媽還沒開始罵他哩，他就扯開嗓門對隔壁史媽媽家哭喊：「史媽媽救命啊！史媽媽救命啊！」馬上史家三個姊姊就會衝到我家來救人。

史家三個姊姊長大後都嫁到國外去了，久而久之便失去了聯絡。而且奇怪的是我竟然一條黃梅調也記不得了。

親手炒製的豆沙餡香綿濃郁，
成為最美味的甜粽。

甜美人生

林媽媽的豆沙粽

自己炒豆沙包出來的豆沙粽，滋味分外美好，是別處都吃不到的用心。

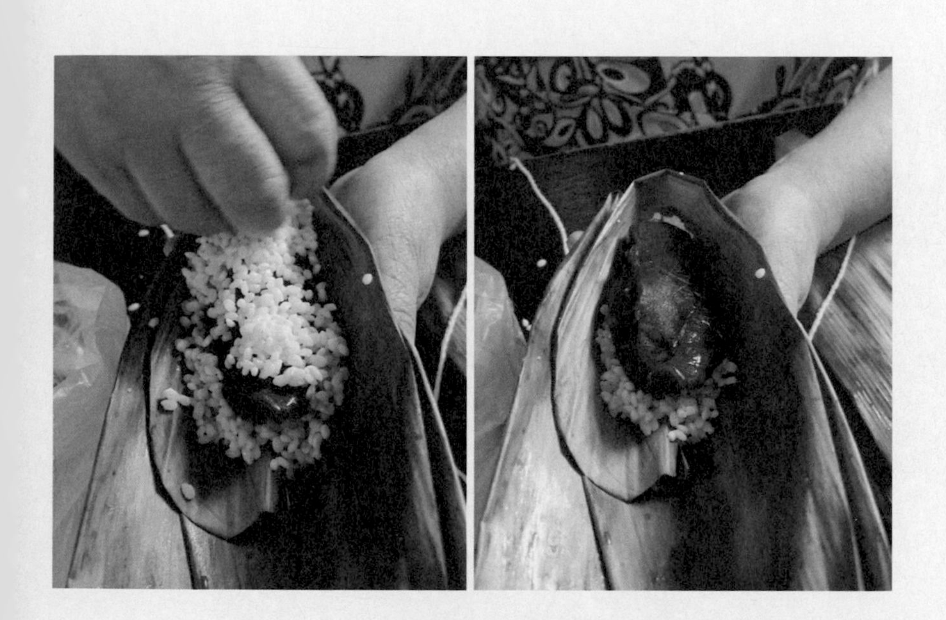

豆沙粽

調味料

紅豆餡
- 紅豆3斤
- 二砂糖2.5～3斤（視個人口味）
- 花生油800cc
  （或沙拉油、葵花油等植物油）

包粽
- 圓糯米1斤
- 粽葉20葉
- 棉繩

自己炒豆沙

1 紅豆加水先煮透，放在篩子上用手搓過紅豆，讓豆沙透過網眼流下去，退去的紅豆殼留在竹篩上。

2 篩出來的紅豆沙放入脫水機裡將水分徹底脫乾，如果沒有脫水機則把紅豆泥放在紗布袋裡想辦法擠去水分。

3 在炒鍋裡放入紅豆泥和二砂糖，以中小火先加一部分油進去，用鍋鏟推動讓油吃進紅豆泥中，邊推邊緩緩倒油進鍋裡，炒到乾爽，時間約半小時。

4 炒好的紅豆沙可以先用擀麵棍擀平，切成長條形冷凍保存。

來包豆沙粽

1 將糯米洗淨後，泡2小時。

2 粽葉泡熱水，軟化後，用刷子將粽葉正反面都刷洗一遍，再泡入清水中。

3 取洗乾淨的粽葉，一片正放一片反放，有葉脈的面朝下。粽葉1/3處摺成杯狀，先放一些圓糯米，續放入炒好的紅豆泥餡，再放圓糯米至8分滿，把粽子包好用棉繩綁妥。（鬆緊要適當）

4 包好粽子後，煮一鍋滾水，放入紅豆粽，水要蓋過粽子。待水滾開後轉中小火，續煮3到3.5小時，不要開鍋蓋再燜15分鐘，就可以取出粽子，吊起來瀝去水分。

1 豆沙粽用的是花蓮關山圓糯米。
2 洗紅豆，去皮留沙。
3 把水擰乾。
4 炒豆沙（加的是砂糖和葵花油）。
5 炒成的豆沙。
6 開始包粽子。
7 成品。

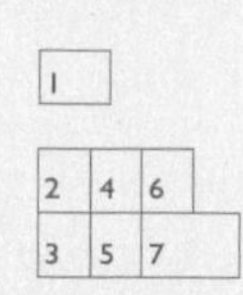

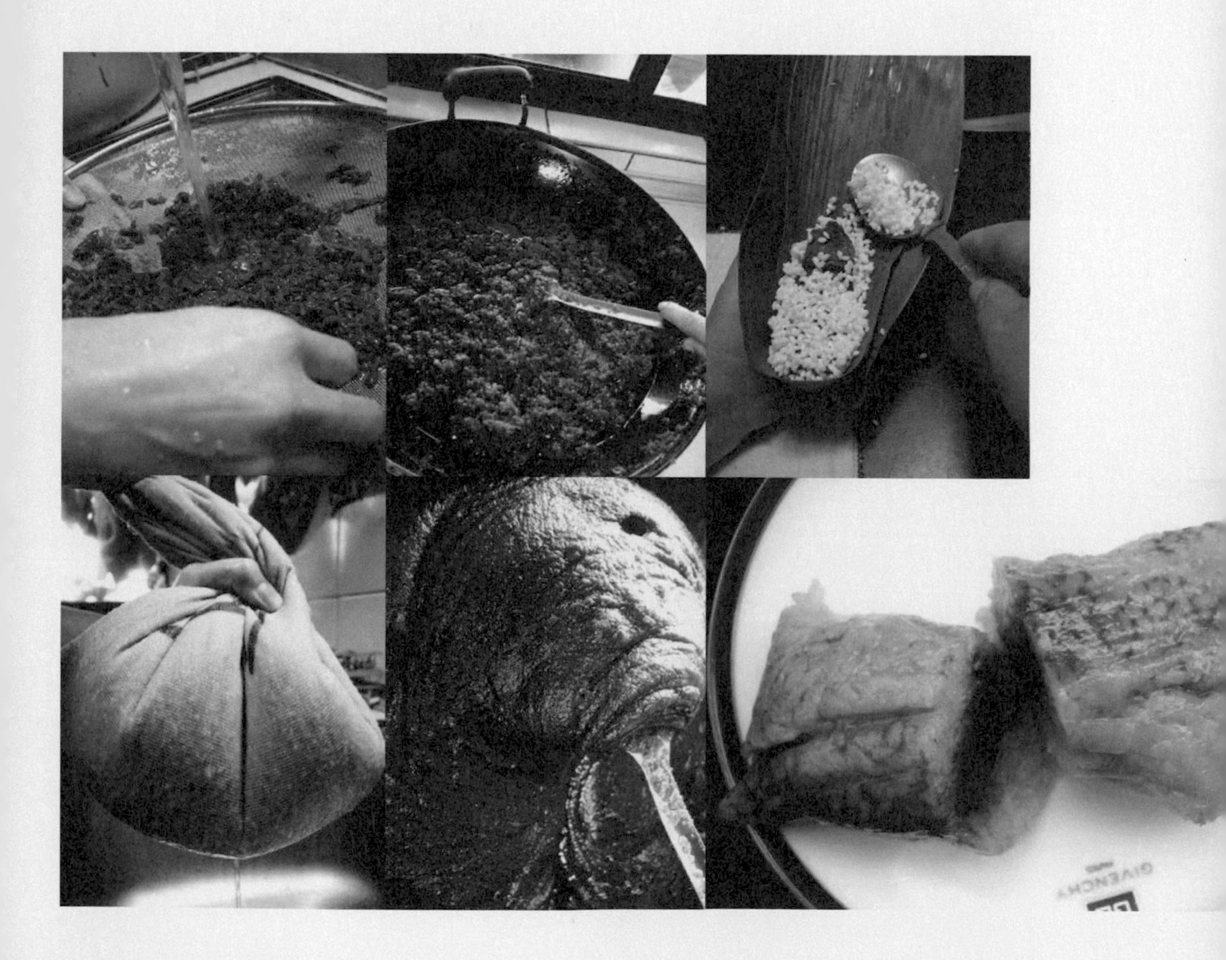

叮嚀

1 自己炒豆沙非常考驗耐性，要守在鍋邊慢慢加油，不斷推炒，直到紅豆泥變成乾爽的紅豆沙，其中關鍵就在事前的脫水步驟，水脫得夠乾，炒豆沙的過程就比較輕鬆輕，約半小時就能把水分炒乾，紅豆沙變得鬆爽；脫不夠則可能要守在鍋前炒上1小時。

2 紅豆煮好最好馬上進行篩殼動作，殼要篩盡，洗出來的紅豆泥才會細緻，也才能炒出又綿又細的紅豆沙。

3 炒紅豆沙用油要夠，油不夠炒出來的豆沙不會亮，傳統習慣用豬油炒豆沙，炒出來的豆沙比較赤紅，但不夠亮，冷了不好吃。我個人比較偏愛用植物油，即使涼了都好吃，豆沙的亮度也夠。

4 一次炒好多量的豆沙，可以分批保存在凍庫，除了拿來包粽子，也可以做豆沙鍋餅或八寶飯、芋泥，自己炒的豆沙風味特別好。

5 包豆沙粽要有經驗，除了粽子要包得鬆緊適中，豆沙餡也最好趁它剛從凍庫取出還硬實的時候包好，不要等豆沙軟了才包，以免糯米米粒卡進豆沙裡，就不容易煮透了。

甜美人生

甜芋泥

我的鄰居林大嫂是我的烹飪啟蒙老師，
她除了教我做菜，也教我做甜點，
尤其福州人最擅長的甜芋泥，那是最精彩的壓軸甜點。

材料

- 芋頭3顆
- 豬油2.5湯匙
- 糖3湯匙
- 蜜蓮子適量
- 葡萄乾適量
- 豆沙餡適量（做法請見269頁）

製作

1 芋頭去皮切片，用電鍋蒸熟，放冷。

2 芋頭裝在塑膠袋裡，用擀麵棍擀碎成泥狀。

3 芋泥拌進豬油、糖混合均勻。取一個中型碗，在碗裡薄薄塗上一層油，依個人喜好鋪上蜜蓮子、葡萄乾，

4 先放一半的芋泥至碗中，填上紅豆沙餡，再將剩餘芋泥鋪上，放進電鍋，外鍋加半杯水蒸透即可。

蜜蓮子的製作

蓮子放入碗內，加水淹過泡2小時，整碗放進電鍋蒸半小時，取出去除苦心，然後再將蓮子放入另一個空碗中，加入冰糖（蓮子和糖的比例是3:1），加水淹過表面，封上保鮮膜入電鍋蒸1小時後，取出放涼。

八寶飯

經常出現在中式筵席之後當做甜點的八寶飯，
顧名思義要用八種配料製成，
家常八寶飯不需用到這麼多配料，甜美的滋味卻一樣迷人。

材料

- 圓糯米1斤半
- 二砂糖2.5湯匙
- 豬油2.5湯匙
- 蜜蓮子適量（做法請見273頁）
- 葡萄乾適量
- 豆沙餡適量（做法請見269頁）

製作

1 圓糯米泡水2小時，蒸熟。
2 糯米趁熱拌入豬油和二砂糖。
3 取一個中型碗，依個人喜好鋪上蜜蓮子、葡萄乾，先填入一些拌過豬油和糖的糯米飯，再放上豆沙餡，最後填滿糯米飯，放進電鍋，外鍋加1杯水蒸透即可。

叮嚀

八寶飯的用料可依個人喜好改變，例如紅棗、金桔餅或什錦蜜餞。

江米藕

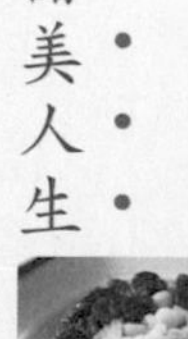

江米藕，又叫糖藕或糯米蓮藕，
被冰糖封浸蒸透的軟糯滋味香甜誘人。

材料

- 蓮藕3節
- 圓糯米100公克
- 冰糖80公克
- 蓮子適量

製作

1 蓮藕洗淨。

2 糯米洗淨，放在冷水中浸泡3小時。

3 將糯米的水分瀝乾，從蓮藕的一端灌入藕洞中，一邊填一邊輕敲藕身，讓米粒落入直至8分滿。

4 藕的兩端以牙籤封住，放入清水中煮1小時。

5 糯米藕放涼後，切成0.5公分厚片。

6 取一個乾淨的碗，鋪上蓮子、糯米藕片和冰糖，放進電鍋蒸1小時，取出即可食用。

後記

忽忽味的前世今生——錢嘉琪

《忽忽味》是一本遲到的書，屈指算來，它遲到至少六年時間。說起這本書的誕生，時間要推回七年前，二〇〇九年春天。

出書緣起

那一年初春，我接到好友梅格的電話，她在話筒那一端熱切向我推荐忽忽的部落格：「妳有沒有看過忽忽味？忽忽好會寫，部落格上那些菜看起來也好好吃哦！我覺得妳可以向她們邀約出書。」

掛下電話，我馬上打開電腦搜尋「忽忽味」。彼時，忽忽和媽媽已經在網路上展開她們的美食宅配生意，我讀了那些菜餚背後的故事，被忽忽的文字引誘得口水直流，忍不住下單訂購了幾道忽媽媽的拿手菜——豆乾肉絲、獅子頭、雪菜筍絲和滷牛肉——來解饞。

匯款之後，菜餚準時宅配到家，當我吃著忽媽媽的好手藝時，信心油然而生，我相信這對母女的聯手，一定能催生出一本趣味橫生的食譜書。於是，我在忽忽的部落格上留了言，希望能和她洽談出書的可能性。

我很快收到忽忽的回音，她對出書這件事也很感興趣，於是我們相約碰面續談細節。

那是一個已有初夏態勢的晚春，我和忽忽約在出版社附近的連鎖咖啡館見面，像二十年前所有初次碰面的筆友一般，我們在email中留下一些粗淺的相認線索，諸如穿什麼顏色的衣服、頭髮是長是短？身高多少？體型是微胖還是纖瘦？最後忽忽說，她會帶一本書做為相認標誌。

結果我們兩人完全多慮，雖然那一天下午咖啡館幾近滿座，人聲鼎沸，但我一走進咖啡館馬上直覺認出忽忽，她也很快認出我來。我們的年齡相仿，擁有相近的成長背景，那一個陽光普照的下午，兩個人坐在冷氣充足的咖啡館裡，整整聊了一個下午。

忽忽告訴我人山的故事，說媽媽的一手好菜，她餵養的一屋子流浪貓，也提起母女間的親情糾纏，以及合作事業時不時迸發的大小爭執，我們像相識已久的朋友一般聊著，忘了時間，也忘了我們其實素昧平生，獅子座的忽忽果然擁有盛夏艷陽一般的熱情！

在我們談好合作出書計畫之後，忽忽信守承諾，每隔一段時間便寄來一篇文章：唐奶奶的獅子頭、麻辣泡菜、一百歲的白菜滷、人山餐廳……。夏天過了一半，她寫了一封信來道歉，說自己因為接了一齣舞台劇，要趕劇本和排戲，寫書計畫可能被迫延後，等十一月舞台劇告一段落後，她承諾會馬上密集展開寫作計畫。

秋天，我收到她為淡水街貓出版的年曆，再過一個月，她寄給我兩張舞台劇的票——在國家戲劇院演出的《愛錯亂》，演出前一星期，她還特別打電話來提醒：「別忘了帶朋友來看我演出哦，我很希望妳能來。」十一月仲秋，我約了好友梅格一起去看她的演出。舞台上的忽忽，化身成一個粗俗的情色作家，穿著睡袍爆粗口，十分有戲。

看完舞台劇不久，隆冬來臨，陰冷潮濕的冬至夜，忽忽被摩托車撞倒的消息傳來，我跟她所有的朋友一樣，被這個無常的消息驚呆了，我在報紙和網路上關心著後續發展，最終卻等到令人心碎的壞消息：街貓天使忽忽走了！

我永遠等不到她的書稿了。

故事再續

自從忽忽以一種戲劇化的方式告別人世，不但她的書成為絕響，就連她和媽媽合作的美食宅配以及部落格全都停擺，停在她倒下的那一刻。

然而時間依然滴答滴答走著，現實日子裡的瑣碎很快淹沒一切。忽忽和她未竟的書，逐漸成為日常忙碌生活裡一抹越來越淡的影子。就在我快要淡忘這件事的時候，一年多前，我在臉書上意外看到同學張小雯為林媽媽開的粉絲團「林媽媽的忽忽味」，小雯在臉書上寫到她的好朋友忽忽和忽媽的菜：

「林媽媽把一生的悲喜和心酸故事都化成美味佳餚，
填飽我們的肚子也溫暖了我們的心，
請大家幫忙推薦，也幫忙祝福。」

臉書上的文字彷彿催眠師暗藏的關鍵字，喚起我對忽忽味的記憶。我特別傳了一通訊息給久未見面的小雯，告訴她關於忽忽味的故事，同時也祝福東山再起的忽忽味能在網路上賣出佳績。

小雯很快給我回音，除了感嘆世事無常和人生的奇遇巧合外，她在訊息最後提及希望能讓《忽忽味》這本書重生，「就當成是忽忽送給媽媽的一個紀念禮物吧！」她在訊息上這麼寫到。

於是，停擺了六年的《忽忽味》又動了起來。

小雯和忽忽的網友幫忙從舊的部落格把她的文章抓下來寄來給我。去年初夏，我約了攝影師來到小雯位於新店中央路的「蕃茄主義」為食譜拍照，林媽媽帶著助手拎著材料，大包小包從安坑山上的家來到餐廳，一道又一道的拿手菜在灶前鍋邊快速誕生。

見過忽媽之後，我才發現忽忽精緻的五官幾乎拷貝自她的母親，只是忽媽往廚房一站，馬上產生一種陣前大將軍的架勢，那種足以壓陣的氣勢，是文藝的忽忽所沒有的。為期好幾天的食譜拍攝期間，我們遍嚐了忽媽的好手藝，那真是最佳補償，慰勞了炎夏窩在廚房揮汗拍食譜的辛勞。

忽媽諸手藝中最讓我驚艷的，是她趕在端午節前包的豆沙粽，自己親手炒製的甜豆沙餡，甜而不膩，包在煮得軟糯適口的圓糯米飯中，綿柔無渣，豐潤甜香，如一場溫柔的人間甜夢，有幸食到便更懂得什麼叫幸福滋味。

食譜拍攝完畢後，我和林媽媽相約每週一次到新店市公所的星巴克進行訪談，她說故事，我記錄整理，慢慢把人山和忽忽味的故事像拼圖一樣兜攏出來，再穿插忽忽曾經寫下的生動活潑文字，像一場穿越時空的紙上母女對話。

終於，經過六年多，《忽忽味》誕生了。

我慶幸它只是遲到，不是不到，也不枉我和忽忽匆匆相識一場。

小雯（左）幫林媽媽在臉書上開設「林媽媽的忽忽味」粉絲團，讓忽忽味重生。

料理的工要細，指的是食材的切割，
該粗的要粗，該細的一定要細，
粗細不分必失滋味。
料理心法其實就是我們面對人生的態度。

書　　名　忽忽味——一個媽媽想念女兒的滋味
作　　者　忽忽、周碧蓮
文字構成　錢嘉琪
執行編輯　錢嘉琪
美術設計　吳慧雯
攝　　影　陳牆
校　　對　錢嘉琪、李瓊絲

發 行 人　程顯灝
總 編 輯　呂增娣
主　　編　李瓊絲
編　　輯　鄭婷尹、陳思穎
　　　　　邱昌昊、黃馨慧
美術主編　吳怡嫻
資深美編　劉錦堂
美　　編　侯心苹
行銷總監　呂增慧
行銷企劃　謝儀方、吳孟蓉

發 行 部　侯莉莉
財 務 部　許麗娟、陳美齡
印　　務　許丁財
出 版 者　四塊玉文創事業有限公司

總 代 理　三友圖書有限公司
地　　址　106台北市安和路2段213號4樓
電　　話　(02) 2377-4155
傳　　真　(02) 2377-4355
E-mail　service@sanyau.com.tw
郵政劃撥　05844889三友圖書有限公司

總 經 銷　大和書報圖書股份有限公司
地　　址　新北市新莊區五工五路2號
電　　話　(02) 8990-2588
傳　　真　(02) 2299-7900

製　　版　興旺彩色印刷製版有限公司
印　　刷　鴻海科技印刷股份有限公司

初　　版　2016年4月
定　　價　新臺幣390元
I S B N　978-986-5661-67-0 (平裝)

國家圖書館出版品預行編目(CIP)資料

忽忽味 : 一個媽媽想念女兒的滋味 / 忽忽, 周碧蓮著. -- 初版. -- 臺北市 : 四塊玉文創, 2016.04
面 ; 公分
ISBN 978-986-5661-67-0(平裝)

1.飲食 2.食譜 3.文集

427.07　　105004021

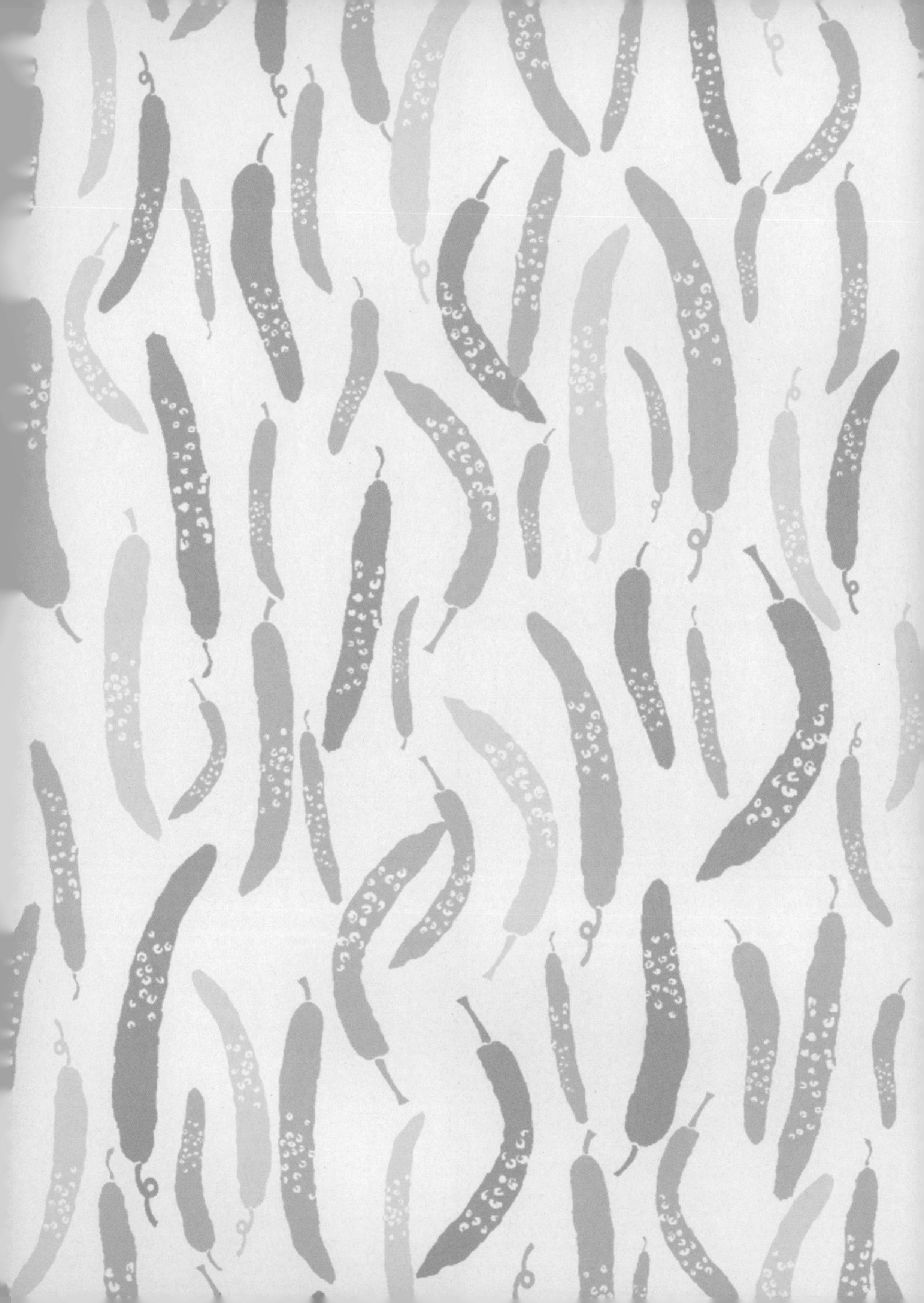